新型高效日光温室建造及栽培技术

唐致宗　主编

兰州大学出版社

图书在版编目（CIP）数据

新型高效日光温室建造及栽培技术/唐致宗主编. —兰州：兰州大学出版社,2008.4
ISBN 978-7-311-02970-8

Ⅰ. 新… Ⅱ.唐… Ⅲ.蔬菜—塑料温室—温室栽培
Ⅳ.S626.5

中国版本图书馆 CIP 数据核字（2008）第 054237 号

责任编辑　魏春玲　李永莲
封面设计　张友乾

书　　名　**新型高效日光温室建造及栽培技术**
主　　编　唐致宗
出版发行　兰州大学出版社　（地址：兰州市天水南路 222 号　730000）
电　　话　0931-8912613（总编办公室）　　0931-8617156（营销中心）
　　　　　0931-8914298（读者服务部）
网　　址　http://www.onbook.com.cn
电子信箱　press@lzu.edu.cn
印　　刷　兰州人民印刷厂
开　　本　880mm×1230mm　1/32
印　　张　5.875　（插页 8）
字　　数　166 千字
版　　次　2008 年 4 月第 1 版
印　　次　2012 年 4 月第 5 次印刷
书　　号　ISBN 978-7-311-02970-8
定　　价　18.00 元

彩椒——红星

彩椒——黄妃

彩椒——紫龙

培育脱毒苗

日光温室观光示范园

日光温室白雪红桃

日光温室黄板诱杀

日光温室葡萄(一)

日光温室葡萄(二)

日光温室生产基地

日光温室茄子树

日光温室西瓜

日光温室油桃

日光温室与拱棚

温室花卉

阴阳双面棚(一)

阴阳双面棚(二)

有机无土栽培

樱桃西红柿

前　言

　　国外温室设施栽培发展较早,上世纪30年代一些发达国家开始应用玻璃温室,并逐渐发展成大型连栋温室,发展较快的是荷兰、日本、美国和以色列,目前荷兰的温室花卉出口到世界许多国家,以色列的温室节水技术享誉全球。我国最早利用日光温室设施蔬菜生产是辽宁的瓦房店市和海城市,上世纪80年代末,山东省寿光市孙家集镇三元朱村农民王乐义,参考了辽宁省瓦房店市节能塑料日光温室的某些结构及用材特点,结合当地实际进行了改良,使节能日光温室性能和经济实用性得到了明显改善和提高,迅速在全国得到了大面积推广,目前我国各类设施栽培面积已达3150万亩,约占世界设施栽培面积的70%,设施栽培的面积和总产量均居世界之首。

　　当前,我国农业和农村经济发展已进入了一个新的发展阶段。为了适应新的形势要求,需要对农业和农村经济结构进行战略型调整,开辟农民增收的新途径和新领域。加快日光温室建设是发展设施农业和节水效益型现代农业的重要内容,是以产业提高农民收入最具潜力的重要途径。

　　目前,我国北方地区正掀起一股节能日光温室热,许多地方已把发展节能日光温室蔬菜生产作为农民脱贫致富的一项重要措施。但是在日光温室建造和管理上还存在一些问题,为了推进蔬菜温室建造和管理的规范化,笔者结合多年来技术推广和生产实践经验,参考国内大量最新文献后,在原培训教材的基础上编写了本书,详细介绍了日光温室规范结构、一般建造技术、主要蔬菜高效栽培技术、主要病虫害防治技术等,力求较强的实用性和可操作性,以便广大农业科技工作者和农民朋友在生产中参考。

本次重印,修正了第一版中的个别差错,虽殚精竭虑,仍难免有错误和疏漏之处,恳请广大读者批评指正。

编者
2010 年 4 月

目　录

第一章 新型高效节能日光温室
建造技术

　　20世纪90年代节能日光温室的大发展获得世人瞩目的成就,也显露出了一些新的问题。第一代节能日光温室的保温能力为20℃左右,即在冬季室内外最低气温差为20℃左右。前几年冬季气温比正常年份平均值高3～5℃,属暖冬气候,使节能日光温室冬季生产取得成功。但也有相当数量的节能日光温室出现了冷害,元月份黄瓜、番茄等喜温果菜的产量不到3月的一半。如果今后冬季转为正常或遇到冷冬气候,将会使节能日光温室生产遭受重大损失。近年来人们开始了新的思考与探索,在节能日光温室的优化设计与高效利用上深入地开展试验研究与示范推广。甘肃省农科院蔬菜所根据节能日光温室发展现状和多年试验结果,着力提高节能日光温室的新技术、新材料含量,提高温室的采光、蓄热和保温性能,提高温室安全生产可靠程度,提高温室管理的机械化与自动化水平,研究设计建造了一批新型高效节能日光温室。实践证明,这批新型日光温室的保温能力可以达到30℃以上,在1997年12月最低气温为-23℃时,室内气温保持在8℃以上。同时,也研制成功了电动或手动卷帘机与自动通风控温设备,造价不高,安装使用方便,可望在农村推广应用。

第一节 新型高效节能日光温室的设计指标

一、光照设计指标

节能日光温室以太阳光作为能源,一方面靠太阳辐射维持温室温度与热量平衡,另一方面以太阳辐射作为光合作用的唯一光源。温室内各种作物对光照要求不同,强光性蔬菜西瓜、甜瓜、番茄、茄子、黄瓜、甜椒等温室生产要求光照强度 4 万米烛光,中光性蔬菜菜豆、碗豆、芹菜等要求 1~4 万米烛光,弱光性蔬菜姜、莴苣、茼蒿等要求小于 1 万米烛光。作为温室设计首先应以强光性作物为对象进行设计,这样温室管理与茬口安排选择的余地较宽,温室的适应能力也较强。光合作用产物的多少,取决于光合作用进行的时间长短。为保证强光性作物高产,节能日光温室设计采光至少应达到:大于光补偿点 4000 米烛光的 6 小时累计光照强度平均不低于 2 万米烛光。为达到此指标,室内前坡离地 1 米高处的平均透光率应在 70% 以上。

二、温度设计指标

节能日光温室的室内设计温度主要取决于种植作物对温度的要求。一般对种植喜温果菜的温室,冬季室内设计气温不应低于 12℃,黄瓜、番茄生产温室允许最低温度为 8℃,但持续时间不得超过 1 小时。温室土壤温度对作物的生长也是十分重要的,必须满足根毛正常生长发育的要求。设计上一般喜温蔬菜地温应高于 10℃,最好在 12~14℃。

节能日光温室设计的室外温度指标,一般取近 20 年的最冷日温度的平均值,西北主要城市的日光温室室外设计温度是:兰州 -15℃,银川 -18℃,西安 -8℃,乌鲁木齐 -26℃。甘肃省河西平川灌区节能日光温室室外设计温度一般均在 -20℃ 左右。

为了保证新型高效节能日光温室能抗拒冷冻危害,提高安全生产的可靠度,设计指标要求是:严寒冬季室内外最低气温差 30℃,即在极端气温 -22℃ 出现时,或遇有十数个连阴天在完全不加温的情况下,室内最低气温 8℃ 以上,10 厘米地温在 11℃ 以上。

三、整体稳压性设计指标

要求可承担风压、雪压和架材固定荷载等 20 年一遇的最大荷载组合,荷载设计能力应达到 300 公斤/平方米。

第二节 新型高效节能日光温室的
基本参数

一、跨度

温室跨度是指温室后墙内侧到温室前沿棚膜入土处的距离,一般为6～7米,目前多采用7米。跨度不要随便加大,纬度或海拔高度越高,跨度应适当减小。

后屋面跨度是指后屋面在地面的水平投影宽度。一般为1.5米左右,其与采光屋面水平投影宽度(即前屋面跨度)的比例为温室保温比,不能小于1:5,后屋面跨度要根据当地的光照等气候条件具体确定。

二、高度

主要有温室脊高、采光屋面控制点高度、立柱高度和后墙高等。脊高指的是温室屋脊到室内地面的高度,应为3.6米,采光屋面其它各点的高度如下:

立柱全长3.6米,埋深0.5米,地上部分长3.1米,垂直高度3.08米。后墙外侧高3.0米,内侧高2.18米,除去人行道高0.2米后高度为1.9米。

由北向南	0米	1米	2米	3米	4米	5米
高度	3.6米	3.36米	3.00米	2.55米	2.05米	1.15米

三、角度

温室的方位角指的是采光屋面的朝向,一般以正南为宜,或向西偏5～10度。采光屋面角,是指采光屋面与地平面的夹角。采光屋面形状为圆和抛物面组合的弧面,采光屋面角是由大到小连续变化的,分为地角、前角、腰角、顶角四段。地角是指屋面前沿与地面夹角,应保持在

3

70 度左右;前角是指屋面前部与地面夹角,应为 40~70 度;腰角是指屋面中部与地面的夹角,应为合理采光时段屋面角,不同纬度地区的采光时段屋面角为:

纬度	35°	36°	37°	38°	39°	40°
腰角	29.27°	30.30°	31.35°	32.40°	33.45°	34.52°

腰角也是由大到小变化的,其大部分应大于上述角度。顶角是指顶部屋面与地面的夹角,一般不小于 12 度。后屋面角指后屋面内侧与地平面的夹角,一般为 35~38 度。

四、厚度

主要指山墙与后墙体的厚度。后墙墙体的厚度应比当地最大冻土层深度多 50 厘米。甘肃省泾河、渭河沿岸一般为 100~120 厘米,中部沿黄灌区与河西平川灌区为 130~150 厘米。后屋面分保温层与保护层。保温层为麦草、玉米秆,其外用旧棚膜包好,前沿厚度为 20 厘米,中部厚 50~60 厘米,底部为 1 米左右。保护层为干土与草泥,厚 20~30 厘米。

五、长度

指温室东西长。一般为 50 米~90 米。

第三节　新型高效节能日光温室的主要结构类型

按用途分有优化通用型、茄果类蔬菜专用型、食用菌专用型、种养结合两用型及四位一体生态型等;按材料分有砖墙钢架、土墙钢架、土墙钢竹木结构、土墙竹木结构及轻型装配式等。

一、土墙钢竹木结构优化通用型

这种温室适合多种蔬菜、瓜类、果树、花卉等作物种植。室内仅有

4

一排中柱,无腰柱与前柱。取材方便,造价较低,每亩投资约1.5万元左右,采光保温性好。前屋面主拱架可采用钢管(直径30~40毫米)或钢筋桁架。钢筋桁架上弦为直径16毫米钢筋,下弦为直径12毫米钢筋,副拱架为大头直径4厘米,长5米的竹竿。腹部横拉杆为直径8~10毫米的钢筋。(如图1-1)

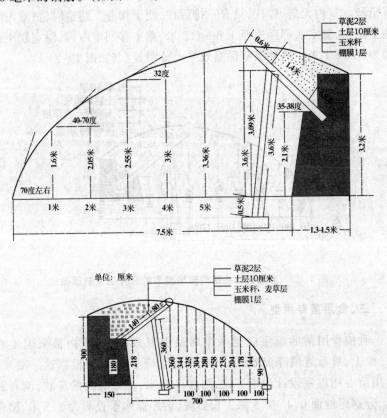

图1-1 土墙钢竹木结构通用型节能日光温室剖面图

二、半地下式茄果类专用型

半地下式温室的室内底部距地面0.8~1米。这种温室适宜于种植喜光性的茄子、辣椒等茄果类蔬菜,跨度一般为7米,脊高3.5～3.6米,后屋面水平投影长1.3～1.5米,后屋面仰角大于或等于当地冬至日正南的太阳高度角。前屋面呈拱圆型,采光角度中部30～35度。后墙高1.8米。前屋面主骨架有钢筋桁架结构和钢管结构,副拱架为大头直径4厘米、长5米左右的竹竿。后屋面拉11道铅丝,前屋面拉15道铅丝。室内无前、腰柱,只有一排后柱,便于作业。建造时,把室内的熟土拉出,温室底部距地面1.0～1.2米,熟土移回室内后,温室底距地面为0.8～1米。这种温室保温效果十分明显。(如图1-2)

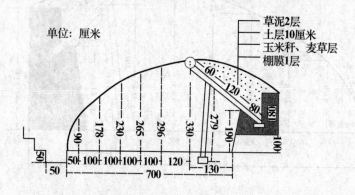

图1-2　土墙钢竹木结构茄果类节能日光温室剖面图

三、食用菌专用型

种植食用菌的温室应是冬季增温保温效果好,室内最低温度在8℃以上;夏季通风降温效果好,最高温度低于25℃。根据这一要求,食用菌专用温室设计为地下式,跨度7.0米,温室底为阶梯状,南高北低,分别距地面0.4～1.5米。长后坡,后屋面水平投影为2.5米,屋脊高3～3.5米,后墙中部和东西山墙地上部分中间各有50厘米×50厘米方形通风口。后屋面长,檩条要求大头直径15厘米以上,前屋面中部采光角度为30～35度,主拱架为钢筋桁架结构或钢管结构,室内只有一排后柱,无前柱、腰柱,操作方便。(如图1-3)

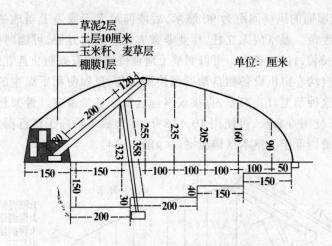

图 1-3 食用菌专用型日光温室剖面图

四、种养结合型

这种温室是农村发展种植业与养殖业兼用温室,温室总宽 10～11 米,前面为日光温室,作种植用,宽为 7 米,北侧为畜棚,宽 3～4 米(养小畜禽为 3 米,大畜为 4 米)。畜舍与种植用温室之间墙体厚为 1 米,高为 1 米的矮墙,要求坚固,上部用双层棚膜隔开,前屋面的建造用优化通用型。

畜舍后墙设通风窗,每隔 3 米设 1 个,后屋面顶上留气眼,每隔 5 米设 1 个,以便能及时排出畜舍有毒气体。畜舍有围栏,地面为水泥地面,在一端留好排粪尿口,与外面蓄粪池相通。这种温室对前室作物还可增补 CO_2,提供有机肥,从而提高蔬菜产量;对于后室,光照充足,家禽能提高产蛋量,牛能增加产奶量。

五、轻质装配移动式

以钢材为骨架材料,并用替代土墙的保温材料和蓄热材料进行装配而成,安装简单。后墙体厚为 0.2 米,每亩温室节约土地在 66.7 平方米(0.1 亩)以上。跨度 7 米,高度为 3.6 米,前采光屋面角度为 30～

35°。前屋面的拱杆间距为 90 厘米,后坡仰角大于或等于当地冬至日太阳高度角。温室内无立柱,作业非常方便。拆装方便,可随时拆卸、迁移与安装,省工、省力。可以调整土地种植结构,有效防止连茬栽培。安装上自动卷帘机设备和自动通风控温设备,更加便利了温室的管理操作。这种新型日光温室,直接成本远远低于进口温室。骨架材料为全钢材,使用寿命长,可使用 10~15 年,建造成本虽高于现行温室,但年折旧费则低于土钢木结构温室。(如图 1-4)

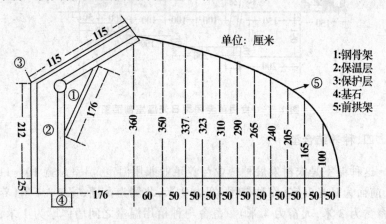

图 1-4　轻质装配移动式日光温室剖面图

六、砖夹墙无立柱钢屋架日光温室

这种温室内外墙都是砖墙,中间为炉灰渣、蛭石等,采光保温效果好。室内无立柱,空间大,便于作业。这种日光温室,骨架材料为全钢材,使用寿命长,可使用 15~20 年,但建造成本高于现行温室,每亩投资约 6~8 万元左右,(如图 1-5)

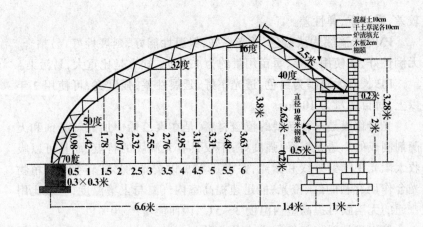

钢管钢筋选择:国标优质无缝厚壁钢管和钢筋

标准要求:后屋面斜梁钢管直径 4 厘米以上,横梁角铁 4×4 厘米,横梁钢管直径 5 厘米以上,前屋面拱形钢管直径 5 厘米以上,人字形钢屋架上筋钢筋 1.6 厘米以上,下筋钢筋 1.4 厘米以上。

图 1-5　砖夹墙无立柱钢屋架日光温室

第四节　主要建筑材料及其成本

一、主要建筑材料

(一)透明覆盖材料

日光温室前屋面的透明覆盖材料为塑料薄膜。目前我国生产的薄膜主要有聚氯乙烯(PVC)薄膜、聚乙烯(PE)薄膜、聚氯乙烯无滴膜、聚乙烯长寿无滴膜、光转化膜和编织膜等,还有近年推出的醋酸乙烯(EVA)高保温日光温室专用膜。

聚氯乙烯(PVC)薄膜透光性好,但易吸尘,不易清洗,透光率下降快;夜间保温性好,弹性好,但雾滴大,影响透光率,升温慢,室内空气湿度大,易传播病害。

聚乙烯(PE)薄膜透光性好,吸尘轻,透光率下降缓慢,夜间保温性

9

较差,雾滴重,弹性差。

PVC无滴膜为淡蓝色,透光率好,保温性能好,延展性好,易粘合,无滴性好,能使用一年,每亩用量约为120kg。缺点是比重大,易污染。

PE长寿无滴膜为白色,透光率好,延展性差,强度高,可使用2年以上,每亩用量为100kg。

光转化膜是一种新型的覆盖材料,是在聚乙烯中加入转光剂和无滴剂制成的。透光率好,强度好,不仅具有无滴膜的特点,而且可以吸收太阳光中的紫外线和紫光,并将其80%以荧光的形式转变为对植物光合作用有利的红、橙光,能迅速提高室内气温与土壤温度,一般比用普通的无滴膜可提高室内温度3~5℃,因而能增产20%以上。

编织膜是近年新发展出来的一种新型薄膜。1995年我国首先从以色列引进,随后从美国、法国和瑞典等国引进。它是一种增强型聚乙烯,比其它棚膜使用寿命长。其内外两个表面层使紫外线透过率仅为10%,而且可吸收60%以上的长波辐射,所以它同时具有优良的抗老化和保温性能,再由于中间层的强编织结构使这种膜几乎没有缩伸变形,其整体抗拉强度比普通聚乙烯膜提高20倍。

醋酸乙烯(EVA)高保温日光温室专用膜是农业部推荐的新型高效节能日光温室专用膜,可以取代同等厚度的聚氯乙烯无滴膜,它是以EVA树脂为主体的三层复合功能性农用薄膜,具有高度透明性,透光率比PVC无滴膜和PE无滴膜高15%~20%,且衰减慢,保温性好,比PE无滴膜高2~4℃,比PVC无滴膜高1.5~2℃,杰出的防尘性,没有助析出,可长期保持透明度。流滴持效期长,比PVC和PE无滴膜长1倍。比重轻,每亩用膜重量比相同厚度的PVC膜减少25%,每亩成本下降300多元,缺点是弹性稍差。

(二)保温材料

日光温室的保温材料为草帘、纸被和新型保温材料。

草帘 编织草帘的材料有莆草、稻草等,用粗、细不等的麻绳或尼龙绳编制而成。大的草帘,宽为2.0米,长8米,厚5厘米,亩用量为60条;小的草帘,宽1米,长8米,厚5厘米,亩用量153条。优点是价格低廉,取材方便,可使用2~3年,保温性好;缺点是易污染棚膜,编制比较费工,遇雪、雨吸水后,重量加大,揭放困难,保温能力下降。

纸被 在严寒季节,为了弥补草帘保温能力的不足,可以在草帘下面加盖纸被。它是用4层的牛皮纸缝制成和草帘大小一样,配合草帘使用。

新型保温覆盖材料 由甘肃省农科院蔬菜所研制的新型保温材料(宽2米,长8米,厚5厘米),系由表层材料、芯层材料和里层材料复合而成,传热系数小,保温优于草帘,质地轻,仅为草帘的1/5。卷放使用省力省工,防水、坚固,使用寿命较长,表面光滑,不损伤、玷污薄膜,不发生霉烂现象,可使用3年以上,成本适当,是目前最好的替代草帘保温材料。

(三)骨架材料

后屋面的骨架材料有立柱,檩条,冷拔丝。立柱为钢筋混凝土预制件,长3.6米,横断面为12×12厘米,内用4根6♯钢筋扎成4个方架,混凝土标号在400以上。檩条一般用小头直径大于12厘米的原木,长2.6米,檩条架在立柱与后墙上做横梁,横梁上按东西拉9～11道冷拔丝。

采光层面的骨架材料有主拱架、副拱架、冷拔丝、铁丝。主拱架为直径43mm钢管或钢桁,架长8米,副拱架为小竹竿,大头直径在4cm以上,两根竹竿小头对小头绑扎成一个拱架,主拱架间距3.6米,上面拉14～16道冷拔丝或8号铅丝,冷拔丝上面架设副拱架,其间距为60厘米。

(四)墙体材料

日光温室的后墙、山墙用料有砖、毛石、土等。

土墙 就是"干打垒",把土填入两块木板或木椽之间夯实完成。可渗入碎稻草、麦秸或砂子、炉渣等,既增加强度,又能减少干裂。

砖墙 通常为砖砌夹心墙,内外层各为24厘米的砖墙,中空层52厘米填充炉渣、锯末或珍珠岩。

毛石墙 山区可建毛石墙,它分为两层,里层为石墙,厚40厘米,外层为土墙。毛石墙坚固耐用,蓄热量大。

二、日光温室成本核算

（一）优化通用型日光温室（长 70 米、跨度 7.5 米）主要建造材料成本核算

项目名称	标准（宽度、长度）	需用量	单位	市场平均价格	合计（元）
墙体	1.2 米以上	88（包括山墙）	米	35	3040
草帘	2.2 米	46	个	60	2760
棚膜	EVA 长寿无滴防雾膜	66	公斤	17	1122
钢屋架	上弦为 16 毫米，下弦为 14 毫米，中间为 14 毫米	19	个	120	2280
立柱	长 3.6 米横截面为 12×12	38	根	20	760
檩条	2.8 米长小头直径≥12cm	38	根	40	1520
冷拔丝	4 个#	300	公斤	4.5	1350
副拱架（竹竿）	小头直径≥4cm	190	根	1.5	285
压膜线		5	公斤	9	45
草帘拉绳		56	公斤	3.5	200
棚内拉线		60	公斤	5	300
水泥预制件	0.5×0.3×6	2	件	100	200
水池	长宽高为 5×2.5×3	1		1000	1000
水泵及电线					500
室内水渠					400
其它附属材料	炉渣、麦草、拉绳、铁丝等				1000
工作房	3×4 米	1	座	2000	2000
合计		18762			

12

（二）高标准无立柱日光温室（90 米、跨度 8 米、砖包墙）主要建造材料成本核算

项目名称	标准（宽度、长度）	需用量	单位	市场平均价格	合计（元）
墙体	1.0 米以上	110（包括山墙）	米	40	4400
砖墙	12 墙	330	平方米	50	16500
草帘	2.2 米	60	个	65	3900
棚膜	EVA 长寿无滴防雾膜	82	公斤	18	1476
钢屋架	上弦为 16 毫米，下弦为 14 毫米，中间为 14 毫米	30	个	140	4200
拱杆	每 1 米架直径 3cm 的钢管一根，每根 10 米	62	根	68	4216
拉杆	直径 2.5cm 钢管，东西向架设四道	360	米	5.8	2088
横梁	直径 6cm 钢管	90	米	14	1260
斜梁	直径 4cm 钢管，每根 2.5 米	62	根	20	1240
拉杆角铁	角铁规格为 4×4cm，东西向二道	180	米	13	2340
木板	木板厚 2cm，长 2.2m 以上	220 平方米 4.4 方	方	600	2640
水泥预制件	0.5×0.3×6	2	件	100	200
其它附属材料	炉渣、麦草、水泥拉绳、钢筋、铁丝等				2500
室内水池					1000
水渠水泵					1000
工作房					3000
建设人工费					15000
合计		66960			

第五节　土墙钢竹木结构优化通用型
温室建造技术

一、选地规划

选地具备的条件：

1. 地形开阔,东、南、西三面无高大树木、建筑物或山坡遮阳。
2. 地下水位低,土壤要疏松肥沃、无盐碱化和其它污染。
3. 避开风口风道、冰雹线、泄洪道等。
4. 供电、供水便利,道路畅通。

具备上述条件的地方,可修建温室。修建温室群要做好温室排列、渠系、道路规划,相邻温室南北相距应大于 7 米,两列温室之间留下 7~10 米宽的通道。机井应在地势较高的地段,便于灌溉。

二、施工时间

修建一般从春天开始,夏收后抓紧时间也可以,但必须在 9 月底竣工,确保到使用时,墙体要干透。

三、确定方位

场地确定后,对温室的用地进行平整,清除各种作物。用罗盘仪测出子午线,确定南北方向,然后按偏西 5°~10°放后墙体线,垂直后墙线放边墙线。如果没有罗盘仪,也可在墙体地基处立一个竹竿,从上午11:30 到下午 2 点每 15 分钟划下竹竿的投影,最短的一条投影所指的方向即为当地子午线。

四、墙体施工

墙体位置确定后,先用三合土夯实厚度达 40~50 厘米、比墙体宽20 厘米的墙基,或用砖石、混凝土砌成墙基,然后把温室内取土打墙部位的耕作层熟土移出室外南边,然后打墙,捡出石块、根茬等杂物。墙土要打碎、加水,注意达到干湿适度。过湿,墙体易裂口,过干,墙体不结实。筑墙时采用木椽打墙,不留直接头,要留成斜接头。各部位要全面夯实,以免产生裂缝、脱皮与倒塌。先打后墙,后打山墙,以增加山墙对冷拔丝的抗拉力。

五、后屋面施工

把取出的熟土运回室内,然后再浇水使松土塌实,垫平地面,温室内地面可比室外地面低 30 厘米左右。施足基肥,深翻整平。埋后立柱,按每 1.8 米的间距挖好立柱基坑,夯实并填好基石,基石深度均为 50 厘米,然后把立柱立于坑内,逐个进行调整,使其顶端向北倾斜 20～25 厘米,立柱的垂直高度为 309 厘米,且各立柱前后一致,最后填土夯实基坑固定立柱。

固定檩条　在后墙女儿墙基部对应立柱的位置,挖出斜洞,斜洞角度同后屋面角保持一致,洞深 80 厘米,在洞底垫基石,然后将檩条的一头放在立柱上,并向南伸出 60 厘米。另一头放在后墙的斜洞内,逐个进行调整,使所有立柱的高度、角度一致,再用铁丝将其与立柱绑好,把斜洞堵好。

拉冷拔丝　在山墙外边距山墙 1 米处埋好水泥预制件,其规格为 0.5×0.3×6 米,预制件有直径 10mm 的钢筋拉钩。先把冷拔丝一端固定在预制件的钢筋拉钩上,在檩条上按 20～25 厘米间距拉架,另一端用紧绳器拉紧后固定到预制件的钢筋拉钩上,共拉 9～12 道冷拔丝。

盖后屋面　先将宽度为 5 米,略长于温室长度的旧棚膜铺在铁丝上,再把玉米秆、麦草铺在棚膜上,踩实,使前、中、后厚度为 20 厘米、50厘米、60 厘米,然后把棚膜翻上来,把麦草包紧。麦草包的上面先覆盖一层干土,踏实,最后抹 2 次草泥,使整个后屋面顶部成南高北低的斜坡,坡比为 3:20,坡面平整无缝。

六、前屋面施工

把 7 米长、直径 43mm 的钢管,按设计图中的尺寸弯成弧形。对应后屋面檩条在温室前沿基部按 3.6 米间距埋入预制基础,并用水泥将钢管角度小的一头固定在檩条的顶部,另一头放入预制基础,使所有主拱架的高度、角度保持一致,并用水泥砂浆灌实。在山墙外侧顶部放好垫木(用于保护墙体与固定冷拔丝),然后把冷拔丝的一头固定到预制水泥件上,另一头拉过山墙与主拱架,按间距为 45 厘米在钢管上拉架,用紧绳器拉好后,固定到温室另一端的预制水泥上。并逐个将钢管和冷拔丝用 16# 铅丝固定好。共拉 15 道。按 60 厘米间距,先将一根竹竿的大头插入土中 30 厘米,另一根的大头绑在对应位置屋脊的冷拔丝上。然后将两根竹竿小头对接固定在每根冷拔丝上,钢管表面也固定竹竿。

七、覆膜

覆膜前先裁棚膜,棚膜长度比温室长 2 米。目前采用两块棚膜扒缝通风,上块宽 1.5 米,下块宽 8 米,宽度不够的要进行粘合,一般采用热合法,找一个宽长为(5～6)厘米×1.2 米的光滑木条,把两幅棚膜的边重叠 5～6 厘米,上盖牛皮纸或塑料网,用 800W 电熨斗热合,等稍冷后,取下覆盖纸,如此再热合下一段。每块膜的一边要粘合为加强固定带,宽 20 厘米,中间夹一根绳子。粘合好棚膜后选择晴天中午来扣棚,把棚膜拉开,晒热,上到前屋面上,两端分别卷入 6 米长的小竹竿,将一头固定到山墙外的冷拔丝上,待整个棚膜拉紧拉展后,将另一端也固定好,上块棚膜的网口端应该压住大块棚膜重叠 40 厘米左右,另一端用草泥固定到后屋面上。两块棚膜的绳子拉紧固定到后墙上。大块棚膜的绳子用铁丝在前拉架和竹竿上固定好。大块棚膜应埋入土中 40 厘米左右,并且压实踏平。最后在棚膜上拉压膜带,使紧贴棚膜,并拴好。

八、修建水池

灌溉条件好的地方,只修室内水池。50 米长的温室的水池要蓄水30 立方米以上,水池通常修在门的同侧,离山墙 1 米,挖一个长、宽、高各为 5、2、3 米的坑,将池底夯实后浇注 30 厘米混凝土,池周边浇注 15厘米厚的混凝土并要加上几圈钢筋和冷拔丝,然后挂 2 层沙浆,池中砌

16

隔墙增加强度,留好水的通道,池顶用板或网绳封好。灌溉条件差的地方,还应修水窖,一般修直径 3~4 米,深 8~10 米的水窖。

九、修建缓冲间与防寒沟

在温室外侧面修造缓冲间,温室的门是在山墙上挖一个高 1.6 米、宽 80 厘米的门洞,装上门框。缓冲间的门应朝南,和温室的门在不同的方位上,防止寒风直接吹入温室内。缓冲间供放农具及看护人员住宿。在温室南边沿外 20 厘米处挖一条东西长的防寒沟,深为 50 厘米,宽为 30 厘米,沟内填充麦草,沟顶盖旧地膜再覆土踏实。顶面北高南低,以免雨水流入沟内。

十、上草帘

入冬后,选晴天,把草帘搬上后屋面,按"阶梯"或"品"字形排列,风大的地区宜采用"阶梯"式,两个草帘互相重叠 20 厘米左右,东西两边要盖到山墙上 50 厘米,草帘拉绳的上端应绑在后屋面顶上的冷拔丝上,晚上放草帘应将后屋面的一半盖住,下部一直落到地面防寒沟的顶部。

第六节　半地下式茄果类专用型
日光温室建造技术

茄果类蔬菜作物喜光喜高温,15℃ 以下生长缓慢,并引起落花,10℃ 以下停止生长,0℃ 以下受冻死亡。在一定的温度范围内,温度稍低,花芽分化推迟,长柱花增多;反之在高温下,花芽分化期提前,中柱花和短柱花的比例增加,尤以夜间高温影响明显。茄果类蔬菜喜高温特性对日光温室的性能提出更高的要求,适宜于种植茄果类的专用温室其保温性及紫外线透过率要比优化通用型日光温室高,因而茄果类专用型日光温室采用半地下式高效节能日光温室。其参数基本与通用型日光温室相同。其保湿性优于通用型,在通用型的基础上能提高 3

~5℃,可使温室最低温度与室外气温相差达 30～35℃,其透明覆盖物不仅对可见光,而且对紫外线透过率都较高。

半地下式茄果类专用型高效节能日光温室的建造步骤同通用型日光温室的建造。第一,温室的地点选定后,进行平整地面,清除杂物。确定方位,划出墙体线。第二,用三合土夯实地基 40～50 厘米,把室内的熟土移到南边 8 米以外,开始打墙,墙外不取土,墙内墙基 30 厘米内不取土,后墙体外侧高为 1.8 米,内侧打 1.1 米。第三,墙打好后,先从南边 8 米处开始拉土,墙基下的土要等墙体干 4 至 5 天后才能拉,拉土的深度为 1.2 米。墙基部的土沿后墙铲齐,下部留 40 厘米宽,高 40 厘米的土台作人行道,运回南边的熟土,人行道高为 20 厘米。第四,平整地面,开始立后柱、上后屋面、上前屋面,这些均同优化通用型。温室前沿 1 米处的地面如果遮阳,可适当铲成斜坡,角度以不再遮光为宜。第五,棚膜采用无色的醋酸乙烯日光温室专用膜。

第七节　砖夹墙高标准钢屋架日光温室建造技术

一、基本参数

1.跨度

指温室后墙内侧到温室前沿棚膜入土处的直线距离,温室跨度为 8m,后屋面水平投影 1.4m,前屋面水平投影 6.6m。

2.高度

主要有脊高、采光屋面控制高度、山墙高等。温室后墙内侧高 2.62m,外侧高 3.28m,温室脊高 3.8m,采光屋面各控制点高度如下表:

表 1　采光屋面各控制点高度

距离 cm	660	600	550	500	450	400	350	300	250	200	150	100	50
高度 cm	380	363	348	331	314	295	276	255	232	207	178	142	98

3．角度

(1)温室方位角:偏西 5 度。

(2)采光屋面角度:是指采光屋面与地平面的水平夹角。采光屋面是由圆、抛物线组合成的弧形面,温室从南到北采光角度由大到小连续变化,可分为地角、前角、腰角、顶角四段。各角度参数如下:

名称	地角	前角	腰角	顶角
从南到北水平距离(米)	0.0	0.5	3.0	5.5
参数(度)	70	50	32	16

(3)后屋面角度:后屋面内侧与地平面夹角(即后屋面仰角)是 40度,后屋面外侧(即顶角)较平,与地面夹角 18 度。

4．厚度

24 砖砌空心墙的墙体总厚度 1.5m,后屋面厚度依次为:前沿20cm,中部 50cm,后部 80cm。

5．长度

指温室的东西长,在原有农田渠系配套不破坏的基础上因地制宜设计为 90～50m 不等。

二、主要建筑材料

1．透明覆盖材料:温室前屋面透明覆盖材料为塑料薄膜。主要选用醋酸乙烯功能无滴膜,其幅度 9m,厚度 0.12mm。90m 长的温室用膜 105kg。该膜优点是透光率高,保温性强,防滴性好,寿命长,膜面不易吸尘,光质性,各种作物均适合使用,缺点是延展性较差,这种棚膜有正、反面之分,扣棚时要严格按说明操作。

2．夜间保温材料选用甘肃省农科院蔬菜所研制的日光温室专用保温被(专利号 ZL972125930),其幅宽一般为 3m,长度为 8.5m,也可

19

按要求加工,90m 长温室需 920m² 保温被,该产品防水,防晒,重量轻,比草帘增温 1～3℃,与卷帘机配套使用,寿命长达 5 年,其缺点是抵抗机械操作能力较差。

3. 防虫网

选用 60 目以上防虫网,幅宽一般为 1～1.5m。在屋脊通风口处和温室前沿通风处进行覆盖,宽度均为 1.5m。90m 长温室,防虫网用量 300m²,使用防虫网可预防白粉虱、美洲斑潜蝇等害虫的迁移危害。

4. 遮阳网

一般为纺织孔状,黑色。幅宽 2～4m,90m 长温室用量为 800m²,温室揭膜后 6～9 月对前屋面全覆盖,进行降温遮荫,可提高温室在高温季节的利用率。

5. 骨架材料

(1) 前屋面:包括钢屋架、拱杆和拉杆。每 3 米架设 1 根上弦 16mm、下弦 14mm 的人字形钢屋架,钢屋架长约 11.5m。钢屋架中间每隔 1 米架 $\Phi 3cm$ 的钢管一根,每根长度约为 9 米。90m 长温室约需钢屋架 29 个,拱杆 62 个左右。拉杆为 $\Phi 2cm$ 的钢管,东西向架设四道,总长 360m。

(2) 后屋面:包括斜梁钢管、横梁钢管、角铁、木板、炉渣等材料。斜梁钢管 $\Phi 40mm$,每根钢管长 2.5m,总需 66 根。横梁钢管 $\Phi 50mm$,总长 90m。拉杆角铁二道,角铁规格为 4×4cm,总长 180m,木板厚 2cm,长 220cm 以上,总 198m²。

6. 墙体材料

24 砖墙空(夹)心结构:墙体总厚度 1.0m,内墙高 2.62m,外墙高 3.28m,空心夹层 50cm,内外墙紧固预制件规格为 20×30cm,长度 1.0m,内配 4 根 $\Phi 8mm$ 钢筋。90m 长温室共需预制件 88 根。空心夹层内用炉渣填实,90m 长温室需炉渣 90m³。

7. 电动卷帘机

由甘肃省农科院蔬菜研究所研制。包括电机、减速箱、立杆、卷动轴、卷动杆、倒向开关等。

8. 全自动通风控温系统

20

由甘肃省农科院蔬菜研究所研制。包括控制盒、卷动架、拉线及线卡等。

三、施工技术

1. 确定方位:对温室的建设用地进行平整,清除各种作物。用罗盘仪测出子午线,确定南北方向,然后按偏西 5 度放后墙体线,垂直后墙线放边墙线。

2. 墙体施工

24 砖砌空心墙体:先用三合土夯实 60cm,墙基比墙体宽 30cm,三合土层上用标号不低于 150♯ 的混凝土浇铸墙体基础,墙基宽 1.3m,地上高 40cm,墙体内、外层均为 24 砖墙,内墙高 2.62m,外墙高 3.28m。内外墙连接、拉固方法是:墙体按东西间距 3m,用 24 砖墙加 Φ8mm 钢筋将内外墙连接。墙体距地面 2m 处用 20×30×100cm 加钢筋砼件将内外墙连接,砼件间距 1m,该砼件兼作后屋面钢架基座,砼件上表面正中预留钢架固定孔(件)等。山墙砌成设计弧形,施工方法同后墙,施工时在山墙内侧 2m 高处,从后墙内由北向南 1.4m、3.5m、5.5m、7.5m 处,设置环形钢筋预埋件,钢筋 Φ14cm,用于固定冷拔钢丝来悬挂作物。

24 砖墙外墙与砼件相接处按东西间距 3m,在砼件上现浇铸 30×50cm 混凝土,即为卷帘机立杆固定基数,基墩上紧贴砖墙预留 Φ43cm、深 30cm 的圆孔,凝固后插入立杆或跟地面高 2.7m 时留孔砌墙,然后插入立杆用混凝土浇铸。注意立杆顶端的 108 轴承孔要东西向相通,且在一条水平线上。

3. 后屋面施工

钢屋架间距 3m,其一端固定在后墙砼件上,另一端固定在前屋面下角基墩上。Φ4cm 斜梁钢管间距 1m,其一端固定在后墙砼件上,另一端固定在脊梁上。钢屋架上按南北间距 80cm,东西方向固定二道 4×4 角铁,脊高顶端东西焊接 Φ5cm 钢管作横梁。然后上铺 2cm 厚木板,木板上覆盖棚膜一层,填加炉渣踩实,上压 10cm 厚干土,干土上抹 10cm 厚草泥,最后用 150♯ 混凝土厚度为 10cm 提浆抹面封顶。使整个后屋面顶部平整、结实、防水,并呈南高北低。坡比不小于1:3。

4．前屋面施工

第一步,在钢屋架之间每隔1m预埋1个基墩,并使所有基墩的高度、位置调整一致。第二步,架拱架,将其上端焊接在脊梁钢管上,下端插入基墩固定。

拉杆施工:Φ20mm的钢管,从南到北水平投影间距1.4m,焊接在钢屋架内侧。拉杆四道,东西两端焊接在山墙预埋件上。

5．固定棚膜的预埋件施工

在山墙上将4×4cm角铁固定在预埋件上,将来固定棚膜。

6．覆盖防虫网、棚膜

首先将幅宽1m的防虫网在屋脊放风口、前沿通低风处各固定一道,防虫网与棚膜同时固定,防虫网压在棚膜下。通风时将棚膜揭起即可。

棚膜上端固定在距屋脊8cm的钢屋架上,下端埋入土中,东西二端固定在山墙预埋件上,入风口棚膜一边东西向烫接拉绳后,另一边固定在后屋面上。覆膜时必须注意棚膜正反面,切忌反扣棚膜。

7．工作间与防寒沟施工

工作间在东山墙外侧建造:占地面积3×2.5m²,砖木平顶结构,门窗统一规格,外墙用天蓝色涂料粉刷,屋檐用大红色涂料粉刷,室内用灰浆抹面,白色涂料喷涂。温室内走道为宽50cm、高40cm的砖混结构,走道与栽培畦相接处设滴、渗灌设备专用安装台、槽或挂勾。

室外工作道:温室前工作道(防寒沟上方)宽50cm,用50×50的预制板覆盖而成。温室后工作道宽1m,工作道为六边形水泥砖路面,人行道宽2m,长4m,用六边形彩色砖铺就。

防寒沟:在温室南沿外挖一条东西长的防寒沟,深为50cm,宽为50cm,沟内填充麦草,沟顶预制件封顶。

8．卷帘机、保温被的安装使用

安装卷帘机:在温室中部专用预埋骨架上安装1台1.5千瓦的单相双直电机,用连轴器及皮带轮连接一台减速机。在立杆顶端轴承中东西穿一根与温室等长的Φ40mm的钢管,减速机东西两侧的钢管上焊三个长0.5m的手柄,其互成120度,供停电后人工机械卷放。

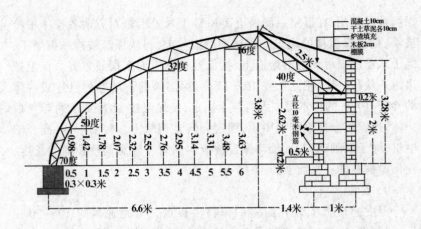

钢管钢筋选择:国际优质无缝厚壁钢管和钢筋

标准要求:后屋面斜梁钢管直径 4 厘米以上,横梁角铁 4×4 厘米,横梁钢管直径 5 厘米以上,前屋面拱形钢管直径 5 厘米以上,人字形钢屋架上筋钢筋 1.6 厘米以上,下筋钢筋 1.4 厘米以上。

图 1-6　无立柱钢屋架日光温室剖面图

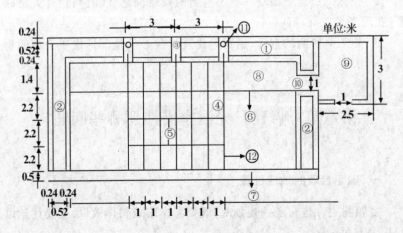

①后墙　②侧墙　③预制件　④拱杆　⑤拉杆　⑥横梁　⑦防寒沟
⑧后屋面　⑨工作间　⑩进出口　⑪卷帘机立杆　⑫钢屋架
图 1-7　夹心砖墙钢结构拱圆型温室俯视图

保温被及使用:在温室后屋面上离屋脊 1 米处沿东西方向各拉一根冷拔丝,把拉保温被的绳子一端拴到冷拔丝上,每块保温被拴一根绳子,绳子从前屋面甩到南沿地面上,把保温被在屋面上摆放整齐。保温被边沿一块压一块,相互重叠 10~15cm,保温被的下端卷到已连成一体的 Φ8~10cm 的松木椽或大竹竿上固定,使保温被、木椽或大竹竿连成一体,把保温被拉绳绕到屋顶,固定到转动钢管上。转动手柄,或开动电机,绳子绕到钢管上,带动保温被滚向屋脊。注意调整拉绳的长度,使保温被在同一平面上升、下降。

9. 安装

温度感应器安装在温室中作物生长点上方距通风口 10~20cm 处,控制器、电机减速机装在温室的侧墙上,减速机的低速轴上安装卷绳器,绳子经滑轮分别拴到控制风口上。

说明:1. 本技术规程中所列数据均为设计理论数据,在实际施工操作过程中可能有变化,施工队必须要考虑变化的因素灵活安装,不能照搬用理论数据。

2. 在施工过程中出现一些不清楚的疑难问题,及时与设计人员联系,在现场解决疑难问题。

3. 施工队所购的钢管、钢材等建筑材料必须是国标优质合格的材料。

第八节　修建日光温室需注意哪些问题

一、确定合理的地理位置

乡镇村屯在进行统一规划时,既要考虑宏观整体效果,又要注意以下几个方面:

1. 有条件的地方在规划设计用地时,要选择在背风向阳平坦的开阔之地,以防大风吹散草帘和吹坏棚膜。

2. 温室一定要有较好的供水、排水条件。

3．要有较好的土质，由于日光温室里的蔬菜或果树等农作物的生长生育，要求土质疏松透气，有良好的透水性，有机质含量丰富，土壤团粒结构好，保水保肥能力强。

4．注意自然环境影响，不能在有污染源的地块建造日光温室，特别是不能在有害元素含量过大或直接间接地对大气、土壤、水质造成污染的工矿企业、化工企业附近建棚。

5．交通条件。建棚时一定要考虑交通因素。

二、日光温室的结构条件

1．温室的朝向：在北纬42°以内建造的日光温室的朝向，最好选择在正南至偏西5～10°之间。这样能够最大限度地利用太阳和光照强度，如果条件不具备时偏西10～15°也可以，但最好是不要超过这个角度。超过这个范围光照利用率太低。

2．光照角度与前后棚之间的间距：挡荫高度与挡荫距离为1∶2.6，一般情况在前后棚地块有条件的地方，实际高距比例应达到1∶3。才能保证冬季有足够的光照时间（即前棚最高点不包括草帘子卷起的高度）。垂直到地平的距离与后棚前底角的距离比为1∶3。例如：前棚最高点是3米，距离后棚前脚的水平距为9米；前棚最高点是3.5米，距离后棚前底脚的水平距离为10.5米。以此类推。

在有坡度的地方，前棚挡荫或有建筑物等，挡荫墙到后棚前底脚的水平仰角不要超过或大于22度，这样才可以保证，在冬至时节后棚前底脚棚内地表能接受到太阳光的照射。

3．建日光温室的投资标准：①因地制宜，尽量就地取材。巧妙地利用现有的材料和自然地貌地形，量力而行，达到少投资，见效快。一般资金全都需要自筹的在设计建造标准时，应当考虑在二年内能够收回全部投资，并选准品种提早育秧育苗，建棚与生产同时进行，不耽误时间，缩短生产周期，早见效早回报。②既要经济合理实用、又要考虑耐久坚固和稳定。最好建日光温室时就一次到位，建成无支柱的标准棚墙体。要设计好保温墙体的高度、厚度、屋架的跨度、屋架的弧度、后坡防寒和底脚防寒所用建筑材料与工时费的预算，特别是钢筋骨架要设计好高度、跨度。同时还要考虑到材料的合理配备、墙体的强度、桁架的强度、墙体的保温性能和桁架的保温性能及耐久性等。③老棚、旧棚的改造与利用。原墙可做后墙的保温层,外面贴水混砖上封水泥砖檐,尽可能地利用旧墙体,投资较少,保温效果较好。④日光温室的规格尺寸类型。温室矢高(骨架最高点)设计在 3.2 米~3.8 米左右,后墙桁架的水平举架为 2.0 米~2.4 米。后坡水平投影 1.0 米~1.5 米。一般采用钢筋骨架的净跨在 7.0 米~7.5 米为宜。最大跨度不宜超过 8 米。不管建什么标准的温室都应注意比例关系:例如采用无支柱钢筋骨架的设计选材方面,7 米净跨时上弦直径不能低于 12 毫米,下弦不能低于 10 毫米,三角拉撑不能低于 6.5 毫米,桁架组装间距不能大于 90 厘米,水平拉结筋不能低于 10 毫米,水平拉结三角加固钢筋直径不能低于 6.5 毫米,桁架的后弦落墙尺寸不能低于 25 厘米。高度跨度尺寸确定后,上下弦按抛物线弧度放样。这样棚内作业的空间较高,多种农作物都可以种植,棚内既可以种蔬菜又可以栽植果树。底脚防寒沟的处理、防风绳的预留与设计桁架整体组装与两侧墙耳的连接固定。几种温室放风口的预留,棚内地面的东西坡度及墙体与自然地面的协调,是否设计半地下式等因素,无论是草泥墙、实体砖墙、空心砖墙、土石结合墙体,结构既要保温又要坚固耐久。

第九节　节能日光温室卷帘机安装和使用

节能日光温室自产生以来,温室保温覆盖材料的揭放一直是一项繁重而艰苦的工作,每天揭放一次需 2~3 人约 1~1.5 小时左右,不仅时间长,浪费人工,而且缩短了作物光照时间。从某种程度上阻碍了温室的发展。温室安装卷帘机后可完全克服上述缺点,在电力驱动下,几分钟内就可完成帘子的揭放,省时、省力,大大提高了温室的可操作性,每天可延长光照时间约 1.5 小时~2 小时。

一、设计原理

用电力作动力,经过减速机传到转动轴上,使一端固定在转动轴上的帘子拉绳不断绕到转动轴上,把帘子缓慢地卷到日光温室的顶部,电机反转,帘子靠自重缓慢落下。

二、材料

主要材料有:电动机 1.5 千瓦、减速机、倒顺开关,直径 33 毫米钢管,直径 43 毫米钢管、40 毫米角钢、皮带、皮带轮、竹竿或木椽子。

三、加工

1.支柱加工 截取 12 根长 2.5 米、直径 43 毫米钢管。把轴承焊到长 13 厘米、宽 3 厘米的平铁中间,平铁两头开槽,用螺丝固定到钢管的一端。

2.减速机、电动机支架 用直径 43 毫米钢管和 40 毫米角钢焊接成二层架子,上面安装减速机,下面安装电动机。

3.转动轴 将直径 33 毫米钢管用直径 26 毫米钢管对接,离减速机端 1 米处,焊三个长 0.5 米的手柄。

四、安装

1.立柱安装 在后墙上女儿墙中间按 4 米间距挖深 0.5 米的坑,把加工好的立柱埋好,其高低前后都在一条线上,将轴承座安在北面。

2.减速机、转动轴安装 把减速机支架安装到温室后坡的中部。把转动轴穿过轴承,连接好。

3.上草帘 将绳子拉住一头固定到后坡的冷拔丝上,把绳子从前坡放下,然后把草帘上到后坡上,一个压一个覆盖在前坡,草帘相互重叠 20 厘米,草帘的下端卷到竹竿上,用绳子绑好,使草帘连成一体,绳子的另一头从草帘上面拉到后坡,并固定到转动轴上,每个草帘一条拉绳。

五、使用

打开双向开关,电机正转,减速机带动转动轴,把绳子绕到轴上,帘子缓慢上卷。调整拉绳长度,使帘子在一个水平方向上均匀缓慢地卷到温室顶部。反向拨动双向开关,电机反转,拉绳放松,草帘靠自重缓慢下降,覆盖在棚上。为了防止雨雪湿透草帘,最好在草帘上覆盖一层旧棚膜,并固定到草帘上,可起到保护草帘和保温的作用。

如果遇到停电,把转动轴和减速机的连接套从减速机上拆开,用手板动转动轴上的柄,正转可把帘子往上卷,帘子卷到顶部后,把转动轴和减速机用连接套连好,防止帘子自由滚下。反转手柄草帘下降,覆盖到膜上。

六、注意事项

1.减速机在使用前必须加满 24# 汽缸油或汽车刹车油。

2.拉绳绕到转动轴上不能重叠,否则在放草帘时,易造成绳子反绕,放不下帘子。

3.严格按用电规程操作,不使用时断电,禁止小孩上温室后坡玩耍。

4.遇雨、雪天,用塑料将减速机、电动机裹住,防止水进入造成漏电事故。

5.如果出现其它异常问题,应立即停止,排除故障后,方可作业。

6.进入夏季,不用草帘,要把电动机、减速机拆下。

七、自动通风控温系统介绍

自动通风控温系统可以对温室内的温度进行自动监测,通过通风口进行调控,消除人为调控造成升、降温过大而给作物造成伤害,还可以节约人工,是日光温室向智能化温室转化的非常重要的一步。它主要由感应装置、控制装置、动力、传动装置四部分组成:

感应装置 → 控制装置 → 动　力 → 传动装置 → 开关风口

感应装置主要是温度感应器,对温度反应非常敏感,感应器测到的温度信号传到控制器,控制器控制电动机转动,经过传动装置,对风口的大小进行调整,温度高则打开风口,温度低则关闭风口。

安装:温度感应器安装在温室中部屋脊投影前1米处的作物生长点处;控制器、电机减速机装在温室的侧墙上,减速机的低速轴上安装卷绳器,绳子经滑轮,分别拴到控制风口上。

注意事项:

1. 控制装置是由精密电子元件组成,不能随便乱动,影响灵敏度。

2. 安装位置远离小孩能够接触到的地方,防止触电。

3. 如出现故障,及时对风口进行人工调整,找专业人员进行检修。

第二章 日光温室未来发展的主要模式

第一节 "四位一体"生态日光温室

"四位一体"即一个暖棚养殖场、一个水窖加滴灌设备、一个沼气池、一个日光温室。"四位一体"生态家园富民计划就是以农户家庭为基本单元,把农村可再生能源技术和高效农业技术进行优化组合、集成配套,使土地、水、太阳能和生物资源得到更有效地利用,形成以农户为单元的良性循环。在农户这个微观层次上,可以达到增加农民收入和提高农户市场竞争力的目的;而在宏观上可达到节约用水,全面改善生态环境的目的。

"四位一体"日光温室有如下优点:第一,可以解决用水紧张的矛盾,调整农业产业结构。日光温室配套滴灌节水设备,可节约用水 3/4。第二,通过发酵使用沼气可以解决农村能源不足,实现农业可持续发展。第三,可以实现农牧有机结合,增加农民收入。第四,是发展无公害农产品生产的有效措施。用沼肥种的蔬菜,色泽正、产量高、无污染,市场上很走俏。第五,由于日光温室生态种养模式可以改善农村生态环境,因而符合建设社会主义新农村的要求。

据调查,一个"四位一体"大棚,一年可出栏肉猪 40~50 头,畜牧业纯收入可达 3000~4000 元,日光温室蔬菜纯收入可达 8000 元以上,加上因少施化肥、农药而节约的成本 1000 元左右,合计纯收入都在12000 元以上。农民盛赞"种十亩田,不如建个家庭'四位一体'生态小家园"。由此可见,"四位一体"生态日光温室是设施农业生产未来发展的主要模式。

"四位一体"生态日光温室建造技术

"四位一体"生态温室是依据生态学、经济学、系统工程学原理,以土地资源为基础,以太阳能为动力,以沼气为纽带,将日光温室、猪舍、沼气池、蔬菜(瓜、果)全封闭地连在一起,实现种植养殖并举、产(沼)气积肥同步、生物种群较多、食物结构健全、能流物流循环的生态系统工程。

一、基本结构

"四位一体"生态温室坐北朝南,东西延伸,东西长50~80米,南北宽7~8米、脊高3.6~3.8米;猪舍紧靠温室出入门的一端内侧,每间猪舍东西长3~4米,南北宽4~5米,根据规模可以修3~5间。沼气池位于猪舍内的地下1.5~2米处,容积8~12立方米,出料口位于蔬菜(瓜、果)田内(见图2-1、图2-2)。

二、建造要点

"四位一体"生态温室应建造在避风向阳、地势平坦、土质肥沃、灌溉方便、四周无高大建筑物、光照和通风条件较好的地段。

1. 沼气池建造　沼气池是生态温室的核心部分,起着连结养殖与种植、生产与生活用能的纽带作用。建造技术按国标 GB4750-84 执行。技术要点:(1)确定沼气池中心点,挖池并将池底修成锅底状;(2)用150号混凝土浇筑池底,厚10~15厘米;(3)支模浇筑主池壁,用150号混凝土一层一层浇筑并捣实,厚度5厘米,同时安装进、出料管;(4)用200号混凝土采用对称浇筑方法一次性完成拱顶浇筑,厚度5厘米以上;(5)水压间浇筑同上述(3);(6)拆模清理,采用七层密封方法进行池内密封;(7)试水、试压;(8)填料;(9)安装输气管、气压表、灯、灶等。

2. 日光温室建造

日光温室是生态温室的主体结构。(1)透光率高,保温性能好,抗风雪能力强,方便管理;(2)坐北朝南,东西延伸,如有偏斜,不超过5度为宜;(3)长度:一般东西长50~80米,南北宽7~8米;(4)厚度,墙体的厚度应比当地最大冻土层深度多50厘米,一般为1.3~1.5米。(5)高度:温室屋脊高为3.6米,后墙外侧高3.2米,内侧高2.1米;(6)角度:后坡与地面夹角38~45°,前坡与地面夹角25°左右;(7)后屋面前沿厚度为20厘米,中部厚50~60厘米,底部为1米左右,顶面盖保温草帘;(8)南沿外设防寒沟。

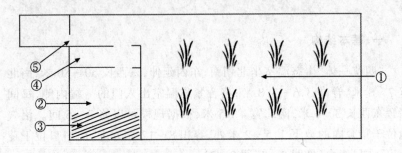

1.日光温室 2.猪舍 3.沼气池 4.饲料室 5.出入门

图2-1 平面示意图

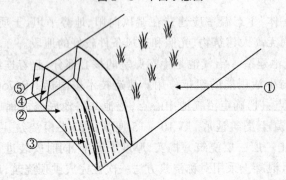

1.日光温室 2.猪舍 3.沼气池 4.饲料室 5.出入门

图2-2 结构示意图

3.猪舍建造

猪舍外侧墙与温室墙同体,北墙墙厚1.3米,墙高与温室顶面横接,北墙设猪舍门,内侧墙在高60厘米和150厘米处分设两个24厘米的换气孔,猪舍南墙为铁栏护墙或砖墙,设出栏门,猪舍顶面设通风窗。

4. 温室滴灌

滴灌灌水器采用 IDP 内镶式滴灌管,干管和分干管采用 0.4MPa 的 PVC 塑料管,支管和滴灌采用 PE 管。

通过对"四位一体"生态温室进行效益分析,一座生态温室年可产沼气 1100 立方米,节煤 1.1 吨;提供沼液、沼渣 10 吨;温室养猪生长快,出栏率高,节约饲料,年可增收节支 8000 余元;同时,沼气燃烧为温室增温,为作物生长提供二氧化碳肥,沼液、沼渣追肥,培肥地力,减少化肥和农药用量,提高作物产量和品质,发展绿色食品,是促进农民致富、帮助农民奔小康的新模式、新技术。

第二节 阴阳"双面菌菜结合型"日光温室

所谓"双面菌菜结合型"日光温室就是在建好的日光温室的阴面(北面)再修建一个棚,两棚共用一个墙体,在秋夏季利用墙的阳面(南面)温室发展喜温的茄果类、瓜类等反季节蔬菜生产,在春、夏、秋季利用墙的阴面温室发展喜阴的一些叶菜类蔬菜、食用菌或养殖业。利用"双面棚"发展食用菌生产不仅大大降低了用水量,而且实现了资源的有效利用。

日光温室"双面棚"的技术特点及优势:一是可以降低建棚成本。双面日光温室可两棚共用一堵墙,建造长 50 米的阴棚,一般不会超过 5000 元,仅此一项可减少成本 5000 元以上,比建造同样阳棚的成本降低了几乎一半。二是有效提高土地利用率。传统的日光温室,棚与棚的间距至少在 7.5 米以上,由于墙体遮阳、光照不足、解冻较晚,因而在这 7.5 米的距离内种植粮食、牧草等作物,产量和效益低下,棚与棚之间的空地基本上处于废弃状况。双面棚的建造,充分地利用了日光温室背面的废弃地。三是阴阳互补。阴阳棚相互依靠,阳棚后墙由于阴棚的保护,可提高室温 2~3℃。阴棚接受阳棚的散热,春、秋两季基本可以满足食用菌、叶菜类蔬菜的温度要求。此外,阴棚还可以为阳棚作物增补二氧化碳,提供有机气肥。四是收入显著提高。经测算,每亩双面日光温室的收入比单面日光温室的收入至少提高6000元以上。五是生产耗水降低。利用双面日光温室种植双孢菇,55米长的温室用水量为100~120方,是大田玉米、小麦带田的五分之一和六分之一,每方水的经济效益较小麦带田提高了20~30倍,极大地节约了农业用水。

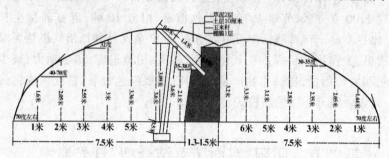

图2-3 日光温室"双面棚"剖面图及技术参数

第三节 日光温室与塑料拱棚结合型模式

所谓日光温室与塑料拱棚结合型就是在日光温室前后的空地上搭建一个宽8米左右、高2.8米、长与日光温室等长的塑料拱棚,拱棚东西两边砌墙,南北搭建支架并覆膜,利用日光温室育苗,供应塑料拱棚进行秋延后和春提前生产。这种种植方式,一方面可以有效利用日光温室前后的耕地,提高土地利用率;另一方面可以充分利用日光温室资源育苗,延长塑料大棚的生产时间,提高单位面积效益,比较效益十分显著,此种模式是城郊乡镇发展的主要模式之一。

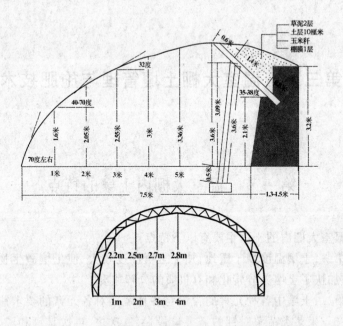

图 2-4 日光温室与拱棚剖面图及主要技术参数

第三章　温室大棚土壤管理与施肥技术

第一节　温室大棚内土壤的特点

温室大棚内的土壤主要有以下特点:

第一,土壤温度高于露地,加上土壤湿度较大,使土壤微生物活动旺盛,加快了土壤养分转化和有机质的分解速度。

第二,土壤中各种元素的含量与各种蔬菜对各元素的要求往往不相适应。果菜类蔬菜对钾的需要量最大,氮次之,再次是钙和磷,最后是镁。在温室蔬菜栽培中,最易发生缺钾症,也常发生缺钙症,应特别注意。

第三,温室内的土壤易返盐,影响作物正常生长发育。由于温室内的土壤不受雨水的淋溶,施用矿质元素肥料流失很少;而土壤深层的盐分受土壤毛细管的提升作用,随土壤水分运动上升到土壤表层。由于连年施肥,使残留在土壤中的各种肥料盐分随水分向表层积聚,常常会因土壤溶液中盐分浓度过高而对作物产生危害。尤其在偏盐碱地区建造的温室内,土壤返盐现象更为严重,受盐害的作物一般表现矮小,生育不良,叶色浓,严重时从叶缘开始干枯或变褐色,向内或向外翻卷,根变褐色以至枯死。各种蔬菜根系的抗盐能力不同,茄子的抗盐能力较强,番茄、辣椒次之,再次是西葫芦和南瓜,黄瓜耐盐性较差。

第四,由于温室大棚多数长期连作,导致土传病害猖獗,土壤理化性质变坏,作物生长不良。

第五,由于温室大棚土壤中硝酸盐浓度高,使土壤酸性化,从而抑制土壤中硝化细菌的活动,易发生亚硝酸气体的危害。此外,还会增加铁、铝、锰等的可溶性,降低钙、镁、钾、钼等的可溶性,从而诱发作物发生营养元素缺乏症或过剩症。

第二节　温室大棚的土壤管理

由于温室大棚土壤环境不同于露地,应根据温室大棚土壤的以上特点,从以下几方面加强土壤管理。

一、采取平衡施肥,多施速效性肥料

根据所栽培的蔬菜种类对各种矿质元素的需求量和比例,采取平衡施肥,即目标产量和土壤的肥力情况及肥料利用率。尤其对果菜类,应注意增加钾肥的施用量。在增施经过充分发酵腐熟的人粪尿、鸡鸭粪、牲畜粪等有机肥和过磷酸钙混合做基肥的基础上,追肥时尽可能施用一些速效性化肥,特别是营养元素全面而又不产生生理碱性、生理酸性的肥料。

二、施用高效生物肥料

施用高效生物肥料,不但对土壤无污染,还能改善理化性状,提高土壤肥力,有利于作物的健壮生长、防病抗病及产品品质的改善。目前应用效果较好的生物肥料有复合生物菌肥、生物钾肥、FA 旱地龙、EM等。

三、以综合技术措施,防止温室内土壤发生盐类浓度障碍

首先要避免盲目施肥,尽量选择不带副成分的肥料施用,如尿素、磷酸二铵、硝酸钾等。二是在闲置期施入有机肥后深翻地压盐;在夏季的闲置期灌水冲盐。三是在生产季节利用地膜覆盖减少水通过土壤毛细管的蒸发作用。四是对于盐害严重的,可考虑温室的搬迁或室内换土。

四、防止土壤连作障害

温室大棚经常种植单一作物(同一种或同一科),时间一长便会产生所谓的连作障害。连作会导致土壤理化性质变坏,土壤中营养元素失去平衡,以及根系分泌毒素积累等,对作物造成危害,防止连作障害的主要措施一是土壤消毒,二是嫁接换根。

1. 土壤消毒

①物理消毒:利用太阳能在夏季温室休闲期进行土壤深翻曝晒。

②化学药剂消毒:温室土壤消毒用药剂主要有福尔马林(即 40%甲醛溶液),氯化苦(三氯硝基甲烷或硝基氯仿)、溴甲烷(溴代甲烷或甲基溴)等。

福尔马林用于苗床土消毒的浓度为 50～100 倍水溶液。做法是先将土壤翻松,将配好的溶液均匀喷洒在地面上,每亩用量为 100 公斤水溶液,喷完后再翻土 1 次,充分放出土壤中残留的药液气味,即可使用。

用氯化苦消毒应在作物定植前或播种前 10～15 天进行。做法是:在温室地面上每隔 30 厘米扎一个 10 厘米深的穴,每穴注入 3～5 毫升氯化苦原液,然后覆膜。高温季节经 5 天、春秋季经 7 天、冬季经 10～15 天之后,去掉薄膜。翻耕 2～3 次,经过彻底地翻倒土壤和通风,放出残留的药剂,才能定植作物,否则易出现氯气中毒。

用溴甲烷消毒过的土壤能杀灭病菌(对黄瓜疫病效果最好),对消灭杂草种子、线虫的效果也较好。溴甲烷气化的温度比氯化苦低,可在低温季节使用。在对土壤全面消毒时覆盖要严密,防止漏气。做法是:将充有溴甲烷的钢瓶放在室外,瓶嘴接上软管并引入室内膜下,按每平方米 40 克充入溴甲烷。冬天覆盖 7 天,其它季节 3 天。在蔬菜生产上常用药土或药液进行消毒,常用的药剂和用量为每平方米苗床施用50%拌种双粉剂 7 克;或 40%五氯硝基苯粉剂 9 克;或 25%甲霜灵可湿性粉剂 9 克加 70%代森锰锌可湿性粉剂 1 克,掺细土 5 公斤左右,拌匀。打好底水,水渗下后,取 1/3 药土撒在床面上,种子撒完后将剩余的 2/3 药土覆盖在种子上面,这就是所谓的"下铺上盖"。

2. 嫁接换根　　用抗病的物种或品种作砧木,以栽培品种做接穗实行嫁接育苗,可防止黄瓜枯萎病、茄子黄萎病、番茄褐色根腐病等土传病害。

第三节 温室大棚蔬菜测土配方施肥技术

蔬菜测土配方施肥技术是根据土壤养分含量高低,进行科学合理施肥。该技术不但能做到因地制宜,节约用肥,而且能最大限度地满足蔬菜生长发育的需要,提高肥料利用率,增产增收,提高蔬菜生产的经济效益。

一、测土配方施肥原则

首先根据不同蔬菜类型和品种、生长发育、产量和测定土壤养分含量情况,确定施肥种类和数量。根据农家肥和化肥的特点,合理搭配施肥。农家肥,肥效长,含养分全面,有微生物活动,可疏松和改善土壤品质,具有明显提高蔬菜产量和改善蔬菜品质的作用,宜做基肥。化肥速效,有效期短,含养分单一,宜做追肥。为了提高有机肥和化肥的利用率,发挥肥效,一般将两种肥料搭配混合使用。根据蔬菜的生长发育情况,需要养分的多少,确定追肥数量、次数和间隔时间。如生长发育很好、生育周期短的蔬菜,少追肥或不追肥;生长发育差、生育期长的蔬菜,应增加追肥次数,多追肥。一般每隔 7~15 天追 1 次,共追 3~5次。根据不同蔬菜品种和肥料种类,确定施肥方法。

1.多施有机肥。有机肥通过充分发酵,营养丰富,肥效持久,利于吸收,可供蔬菜整个生长发育周期使用,但腐熟的人粪尿,也可做追肥。

2.科学合理施用化肥。根据测土了解土壤养分含量和各种化肥的性能,确定使用化肥的品种、数量和配比。化肥做基肥最好与农家肥混合使用,因为农家肥有吸附化肥营养元素的能力,可提高肥效。化肥做追肥尽量采取"少量多次"的施肥方法。化肥的养分含量高,用量不宜过多,否则易出现烧种、烧根、烧苗、烧叶等现象,同时造成浪费。根据不同蔬菜类型和品种,确定施用不同化肥。如叶菜类需氮较多,可多施尿素、硝酸铵、硫酸铵、碳酸氢铵、氨水等。果菜类需磷钾较多,可多施磷酸二铵、磷酸二氢钾、过磷酸钙、氯化钾等。根茎类需磷钾肥较多,可多施氯化钾、硫酸钾、磷酸二氢钾、多元复合肥等。

3. 配合多种微量元素推广叶面追肥。多种微量元素配合进行叶面追肥,方便简单,省工省时省事,吸收养分快,养分全面,见效快。根据作物生长需求,缺什么施什么,有些微量元素肥料可以与中性农药混合使用,起到防虫治病同时施肥的多种效应。

4. 提倡结合深翻施基肥。由于温室土壤盐分多积聚在土壤表层,使表土板结或形成硬盖。结合深翻施基肥,使土肥充分混合,上下土层混合,把板结土表粉碎并翻到下层,可以大大减轻表土板结和盐害。

二、测土配方施肥的测定内容、时间和方法

测定的主要内容有:土壤性质,酸碱度,有机质含量,含水量,氮、磷、钾、钙、铁、硼、锰、锌、铜等元素的含量。测定的时间:应在蔬菜播种栽培之前或农闲时进行,也可在蔬菜生长期进行田间测土,为及时追肥提供数字依据。测定的方法:一是用土壤速测箱在田间测土,该法简单方便、快速,当时就可出结果。二是把土壤取回实验室,进行分析测定,这种方法较麻烦,但数据较准确。

三、施肥方法

1. 基肥　在作物播种或定植前结合翻地施入土壤中的肥料,称为基肥。基肥是温室丰产的营养基础,不仅供给植物养分,而且还可以改良土壤。基肥应以有机肥为主,配合施用磷酸二铵或过磷酸钙,也可撒施适量的氮素化肥,但应及时翻入地下。基肥可普施,也可集中沟施,应根据肥料的数量来决定。肥料少时要沟施为主,肥料多时,可以普施与沟施相结合。

2. 追肥　在作物生长过程中所施用的肥料称追肥。追肥一般是以速效化肥为主,但早期亦可追施充分腐熟的饼肥,多元复合肥等。

3. 叶面施肥　叶面施肥虽不能代替土壤施肥,但可迅速改善植物营养状况、增加产量。其具有如下优点:①针对性强,作物缺什么就补

什么;②养分吸收快,肥效好;③补充根部对养分吸收的不足;④避免养分在土壤中固定、淋溶,提高肥效;⑤省肥,减少成本,方法简便等诸多优点。

常用的叶面肥料有:尿素、硫酸铵、硝酸钾、过磷酸钙、磷酸二氢钾、磷酸铵、硫酸钾和硫酸锌、硫酸锰、硫酸铜、硼砂、硼酸、钼酸铵及其它微量元素等。此类化肥可单独喷施,也可以两种以上肥料配合喷施,但要掌握好使用量和使用浓度、施用时间,不同作物需要量和浓度是不相同的,一定要预先制定出方案。

叶菜类如白菜、青菜、菠菜、芹菜等蔬菜,叶面肥应以尿素为主,喷施浓度为 1%～2%,每亩用量 50～60 公斤尿素溶液,在生长前、中期喷施 1～3 次。瓜、茄、豆类叶面肥应以氮、磷、钾混合液或多元复合肥料为主,如 0.2%～0.3%磷酸二氢钾或 1%尿素、2%过磷酸钙、1%硫酸钾混合液,在植株生长中、后期喷施 1～2 次。

4.滴灌施肥　由于温室大棚中应用地膜覆盖、滴灌使用较为普遍,也使施肥方法走上自动化的道路。在滴灌的栽培方式中,在水源进入滴灌毛管部位安装文丘理施肥器,用一个容器把化肥溶解,插入文丘理施肥器的吸入管过滤嘴,肥料即可随着浇水自动带入土壤中,这种施肥方式优点突出,肥料养分几乎不挥发、不损失、集中、浓度小、既安全、又省工、省力,施肥效果好,是目前最好、最科学的施肥方法,具有极大地发展前景。但对设备、肥料品种的要求较高。

滴灌施肥要求肥料的溶解性要好,常用的肥料有尿素、硝酸铵、硝酸钾、磷酸铵、磷酸二氢钾、硫酸铵及各类微肥等等。在几种肥料配合施用时,除要注意肥料养分元素相互搭配及与基肥的关系外,还要注意几种配合的肥料不能发生化学反应,以免造成浪费而降低肥效。最好在专业人员的指导下施用。

其它施肥方法还有拌种、浸种等。

四、主要蔬菜测土配方施肥技术

1.黄瓜　黄瓜是一种高产蔬菜,结瓜期长,需长期满足生长发育需要的营养,应及时分期追肥。生产 1000 千克黄瓜需纯氮 2.6 千克、五氧化二磷 1.5 千克、氧化钾 3.5 千克。黄瓜定植前,亩施优质有机肥5000～7500 千克、磷肥 25～30 千克做基肥。黄瓜进入结瓜初期进行第 1 次追肥,亩追施氮肥 10～15 千克、磷钾肥 15～20 千克,以后每隔7～10 天追 1 次肥,并结合浇水。整个黄瓜生育期追肥 8～10 次。也可以按 0.3%化肥浓度和农药或喷施宝、增瓜灵、丰果等生长激素混合,进行叶面喷施。

2. 西红柿　生产 1000 千克西红柿,需纯氮 3.85 千克、五氧化二磷 1.2 千克、氧化钾 4.4 千克,按亩产 5000 千克计算,定植前亩施优质农家肥 5000 千克、磷肥 50 千克。第 1 穗果膨大到鸡蛋黄大小时应进行第 1 次追肥,亩追施纯氮 18～20 千克、磷肥 15～16 千克、钾肥 16～17千克,第二、三、四穗果膨大到鸡蛋黄大小时,应分期及时追肥,这时需肥量较大,追肥量应适当增加。每次追肥应结合浇水。也可以用0.35%浓度的化肥结合防病用药,进行叶面喷施,也可和坐果灵、丰果等混合喷施。

3. 辣椒　生产 1000 千克需纯氮 5.2 千克、五氧化二磷 1.2 千克、氧化钾 6.5 千克。定植前,亩施优质农家肥 5000 千克,磷肥 50 千克做基肥。辣椒膨大初期开始第 1 次追肥,以促进果实膨大。亩追施纯氮15～18 千克,磷肥 18～20 千克,钾肥 15～17 千克。第 2 层果、第 3 层果、第 4 层果、满天星需肥量逐次增多,每次应适当增加追肥量,以满足结果旺盛期所需养分。每次追肥应结合培土和浇水。也可混合 0.3%的丰果、辣椒灵等进行叶面喷施。

4. 芹菜　生产 1000 千克芹菜需纯氮 2 千克、五氧化二磷 1 千克、氧化钾 4 千克。定植前亩施优质农家肥 5000 千克、磷肥 40 千克。高度为 10 厘米时开始第 1 次追肥,亩追施氮肥 7～10 千克、钾肥 10～15 千克。芹菜进入旺盛生长期,每隔 7～10 天追 1 次肥,共追 3～4 次,每亩追施氮肥 15～20 千克、磷肥 10～20 千克、钾肥 20～25 千克。每次追肥都应结合浇水。也可结合防病用 0.3%浓度的喷施宝进行叶面喷施。

5. 菠菜　菠菜在冬季需进行长时间的休眠,所以要注意施肥。生产 1000 千克菠菜需纯氮 1.6 千克、五氧化二磷 0.83 千克、氧化钾 1.8

千克。播种前,亩施优质农家肥 5000 千克、磷肥 40 千克。基肥充足,幼苗生长健壮,是蔬菜安全越冬的关键,越冬之前,菠菜幼苗高 10 厘米左右,需根据生长情况,追施 1 次越冬肥,应施氮肥 10~15 千克、磷肥 10~15 千克。越冬之前一定要浇 1 次封冻水,以防冬季死苗。翌年春天,应及时追肥,应施氮肥 20~25 千克、磷钾肥 15~20 千克,隔 10~15 天追第 3 次肥。菠菜追肥切忌把化肥撒在心叶内,以免造成烧苗,每次追肥应结合浇水。也可用 0.3% 的叶面肥进行叶面喷施。春菠菜和秋菠菜的施肥技术基本和冬菠菜的相同。

五、常用微量元素肥料施用方法

微量元素	微肥	施用方法	施用浓度
硼(B)	硼砂	喷施	0.5%~1.25%
	硼酸	浸种	0.02%~0.05%
铁(Fe)	硫酸亚铁	基施	1~3 公斤/亩
		喷施	0.2%~1%
锌(Zn)	硫酸锌	浸种	0.02%~0.05%
		喷施	0.1%~0.2%
钼(Mo)	钼酸铵	浸种	0.02%~0.05%
		拌种	2~6 克/亩
铜(Cu)	硫酸铜	喷施	0.02%~0.05%
锰(Mn)	硫酸锰	浸种	0.05%~0.2%
		喷施	0.1%~0.2%

第四节　二氧化碳(CO_2)施肥技术

一、施用 CO_2 的必要性

二氧化碳是植物进行光合作用的主要原料。大气中 CO_2 的浓度

只有 0.03%（300ppm），事实上不能满足作物生长的需要。蔬菜生产的 CO_2 饱和浓度为 1000~1600ppm，CO_2 补偿浓度为 80~100ppm。在补偿浓度和饱和浓度范围内，浓度越高，蔬菜的光合作用越强，增产效果越明显。

温室大棚是一个相对封闭的设施，其内的 CO_2 主要来自大气、植物和土壤微生物的呼吸作用。温室内 CO_2 浓度在上午揭草帘前达到最大，在 1000ppm 以上，揭草帘后，随着光合作用的进行约每小时以 400ppm 的速度下降，到通风前，室内 CO_2 浓度下降到一日中的最低值。因此在作物生长盛期施用 CO_2 气肥能够显著提高作物产量。

二、温室大棚内施用 CO_2 的时间

温室大棚蔬菜生长发育前期（定植后 40 天内），植株较小，吸收 CO_2 数量相对较少，加之土壤中有机肥施用量大，分解产生 CO_2 较多，一般可以不施 CO_2。若过早施用 CO_2，会导致茎叶生长过快，而影响开花坐果，不利于生产。进入坐果期后，正值营养需求量最大的时期，也是 CO_2 施用的关键期，应加大 CO_2 施用量，此期即使外界温度较高，通风量加大了，每天也要进行短时间的 CO_2 施肥，一般每天只要有 2 小时左右的高浓度 CO_2 时间，就能明显地促进蔬菜生长。结果后期，植株的生长量减少，应停止施用，以降低生产费用。一天内，CO_2 的具体施用时间应根据温室大棚内的 CO_2 的浓度变化以及植株的光合作用特点进行安排。一般晴天日出半小时后，温室大棚内的 CO_2 浓度下降就较明显，浓度低于光合作用的适宜范围，所以晴天应在日出后（揭帘后）半小时开始施用 CO_2；多云或轻度阴天，可把施肥时间适当推迟半小时。

三、二氧化碳施肥方法

CO_2 施肥方法有多种，主要方法有：固体 CO_2 法（干冰法），液体 CO_2 法（钢瓶法），燃烧法，CO_2 固体颗粒肥等。

1. 固体 CO_2（干冰）　使用时把一定重量的干冰放入温室大棚内，在常温下即可升华变成 CO_2 气体。该法操作简单，用量容易控制，使用效果好，但成本高，贮藏运输不方便，使用时不能与人体接触，以防发

生低温危害。

2．液体 CO_2　是用加压法把 CO_2 气体压缩进钢瓶里，成为液体状态。使用时将钢瓶放在温室大棚内的入口处，液态 CO_2 经过装在瓶口处的减压阀减压后，用塑料软管把气体送入温室大棚内。在塑料管上打放气孔，孔口朝斜上方，使气流经顶部塑料薄膜反射到作物上，孔距3米左右。为了使放气均匀，气孔直径应按与钢瓶距离的近远从 0.8到 1.2 毫米逐渐加大。钢瓶出口压力保持在 1.0～1.2 公斤/平方厘米，每天放气 6～12 分钟。

3．燃烧法　通过燃烧碳氢燃料（如煤油、石油、天然气、煤炭等），产生 CO_2 气体，再用鼓风机把 CO_2 气体吹入温室大棚内。如二炮研制的燃烧式 CO_2 发生器。燃烧法因需要专门的 CO_2 发生器和专用燃料，费用较高。另外，燃料纯度不够时，还会产生一些对蔬菜有害的气体。

4．CO_2 固体颗粒气肥　是目前最简便实用的一种方法，可直接将其撒施于地面或埋入地表层，吸水后释放出 CO_2 气体。由宁夏宏兴生物工程有限公司生产的"志国牌"双微二氧化碳气肥是采用工业微生物液体发酵制取的一种白色固体颗粒状生物气肥。其重量规格为 10 克/粒或 5 克/粒。它是专门用于农业保护地（即：日光温室、塑料大棚、地膜覆盖等总称）栽培的蔬菜、药材、瓜果、花卉、苗木、粮食等作物提供二氧化碳的一种新型有效的生物气肥。埋施在保护地土壤里是一个微生物固体发酵过程，在一定的温度、湿度及有光照的条件下，既释放出二氧化碳，又溶出有机肥素，提高作物产量。

双微二氧化碳气肥是一种生物制剂，使用安全方便，只需将气肥于作物定植后埋施在土中 3 厘米处（10 克/米^2），不需任何装置，对环境无污染，对农作物无毒无害，施用量小，产气量大，投入成本低，增产效果显著，一般亩增产 20％以上，提早成熟 5～7 天，并能改善品质，提高作物抗病能力，延长采收期。

双微二氧化碳气肥的有效产气期为施肥后的第 3～45 天，最佳时间为第 7～30 天，35～45 天进入产气末期，应于气肥施放的第 35 天进行第二次埋施。幼苗定植缓苗后即可开始施用，亩施用量不应小于6.7 公斤。施后及产气期间应在埋施处适量浇水，保持足够湿度。

四、二氧化碳施肥应注意的事项

1. 要保证肥水充足供应 CO_2 气体施肥后,虽然能促进蔬菜的生长发育,提高产量,但是 CO_2 只能增加蔬菜的碳水化合物营养,矿物质营养和水营养必须由土壤提供。此外,由于 CO_2 气体施肥后,植株生长加快,对肥水的要求相应增多。所以,施用 CO_2 的温室大棚,必须加大肥水供应量,以防作物脱肥和脱水。

2. 温度偏低时不得施用 CO_2 肥 温度偏低时,不仅 CO_2 的利用率低,而且 CO_2 气体的浓度容易偏高,引起 CO_2 气体中毒。因此,当温室大棚温度低于15℃时,要停止施用 CO_2 肥。

3. 温室大棚内光照过弱时不得施用 CO_2 一般温室大棚内光照强度低于3000勒克斯时,不要进行 CO_2 施肥,以防发生 CO_2 气体中毒。

4. 高温期要缩短施肥时间 温度偏高时施用 CO_2 容易导致叶片老化,所以高温期(32℃以上)要缩短 CO_2 施肥时间。

5. 每次施用 CO_2 时间不宜过长 一般每天上午日出后(或揭草帘后)施肥2小时为宜,放风前半小时应停止施用。

第五节　酵素菌生物菌肥介绍

酵素菌技术已广泛用于种植业和养殖业,在种植业中,主要是制成各种酵素菌肥料,按其用途可分为酵素菌堆肥,酵素菌粒状肥(包括高级粒状肥、磷酸粒状肥、鸡粪粒状肥和普通粒状肥)和液体肥(主要是天惠绿肥、酵素菌叶面喷肥又称黑砂糖农药)三大类。

一、酵素菌作用

酵素菌是一种生物菌肥,施入土壤后,其有益微生物能杀死土壤中的病原菌,溶解土壤中被固定的营养成分,迅速改善土壤的理化性状,增强土壤的通透性和保水保肥能力,提高地温,分解残留农药,防止土壤盐渍化,促进农作物生长,从而大幅度提高农作物产量,改善农产品的品质,有效地控制或避免虫害的发生,逐步消除化肥农药对农产品的污染,达到高产、优质、无公害的目的。

二、酵素菌肥的使用方法

1.日光温室和保护地栽培作物一定要做到堆肥、粒状肥、天惠绿肥、黑砂糖农药配合施用。施用堆肥的最佳方案是第一年用10方,第二年用8方,第三年用6方,以后每年施用3~4方就行了,普通粒状肥(土曲子)主要是解决作物的烂根问题,根据瓜菜的重茬程度适当掌握。天惠绿肥快速高效,每个大棚必不可少,每次施用100公斤。第一遍兑150倍水,第二遍兑120倍水,第三遍兑100倍水,第四遍兑80倍水,第五遍兑60倍水,用完后把残渣挖出当堆肥用。黑砂糖农药根据天气随时可以喷施。高级粒状肥和普通粒状肥根据作物的需求而定。一般每亩施用普通粒状100公斤,磷酸粒状肥50公斤,高级粒状肥100公斤。

2.解决西瓜重茬的办法是:亩施2吨普通粒状肥、6方堆肥。

3.防止太阳暴晒,以免紫外线将有用菌杀死。堆肥和作为基肥的粒状肥要开沟施用。用于追肥的粒状肥刨窝施用。天惠绿肥随浇水按比例施用,或按比例兑水后逐棵喷浇。黑砂糖农药在连阴天或打药时兑水喷施。

第六节　有机无机专用配方肥介绍

有机无机专用配方肥是根据科学施肥的基本原理,利用农牧业产品生产中的副产物(骨粉)为主料,配以作物所需的各种营养元素,经特殊物理、生化过程精心配制而成,含 N、P_2O_5、$K_2O \geqslant 35\%$、S、Ca 等中量元素$\geqslant 20\%$,微量元素 2.5%~3.5%,有机质$\geqslant 30\%$,是针对西北地区石灰质土壤研制生产的专用配方肥。生产工艺国内独创,产品性能优异,具有增产潜力大,针对性强的特点,配方科学合理,缓效速效相结合,微酸性、易吸收,全营养,元素全,能显著提高各种养分的利用率,有效降低亚硝酸盐和重金属含量,是一种优良的底肥、追肥、种肥。一般大棚亩施用量150~180公斤。

第四章　节能日光温室节水灌溉技术

在日光温室生产中应用推广先进的灌溉技术,尤其是滴灌技术,可达到一举三得的效果。既可节水节肥,又可预防病害发生,还可获得优质高产。近几年,尽管在日光温室中示范推广节水滴灌技术方面,存在有肥料不配套、农户素质与操作的严格要求不相适应、设备一次性投入成本高及设备质量差异大等问题,但随着节水型社会建设及节水农业的发展,广大农户会认识到节水及其节水灌溉技术的重要性,对节水灌溉技术接受能力将有大的提高,同时节水灌溉技术将不断完善,灌溉设备质量会进一步提高。节水灌溉技术将是农业又一次革命性的技术。

一、膜下暗灌技术

1. 灌溉设计

膜下暗灌技术即在蔬菜作物栽培行小垄沟膜下进行灌水的灌溉技术。

膜下暗沟灌水的具体做法是:黄瓜、番茄等蔬菜作物采用南北向宽窄行进行定植。宽行70~80厘米,窄行40~50厘米。定植时先将秧苗摆放在定植沟内,然后浇定植水,待定植水渗完后从两边沟中取土封沟培垄,小垄高15~20厘米,宽20厘米,上面覆盖140厘米宽的地膜,小垄间留暗沟以备灌水。

2. 膜下暗灌技术的优点

可有效降低空气湿度,抑制病害的发生发展,并能减少灌水量,避免浇水后土壤温度降低和湿度过大,为作物生长发育创造良好的土壤环境。

二、滴灌技术

1. 灌溉原理

滴灌是一种新型的低压节水灌溉技术。它是利用一整套的管道控制系统,通过专门设计的精密滴头,在低压下把已过滤的水或水肥的混合液缓慢地一滴一滴滴入到作物根区土壤中,再借助毛细管作用或重力作用,将水分扩散到根系层供作物吸收利用的一种灌水方法。

2. 技术优点

(1)改善和保持良好的土壤物理性状。采用滴灌,可克服传统沟灌易造成土壤板结的弊病,使土壤疏松,保持良好的团粒结构和通透性,有利于蔬菜根系的生长发育和对水分、养分的吸收。

(2)节水、节肥,提高水肥利用率。大量的试验结果表明,采用合理的标准化灌溉指标进行滴灌,可人为控制灌水量,避免了水肥向土壤深层渗漏造成的流失,节水、节肥效果明显,滴灌比传统沟灌节水 40% ～60%,节肥 20% ～40%。

(3)降低温室内空气相对湿度,减少病虫害发生。采用滴灌,一是减少了土壤表面的蒸发,降低了室内空气湿度,蔬菜作物发病率降低;二是棚内土壤温度提高 2～3℃,气温提高 2℃左右;三是减少了枯萎病、疫病等一些土传病害的随水传播和蔓延。

(4)促进作物生长,提高蔬菜产量。滴灌为蔬菜生长创造了良好的水、肥、气、热等环境条件,尤其使土壤疏松,通透性好,植株根系发达,生长快、发育早、植株健壮,开花坐果数增加,加之病害轻,可比沟灌产量提高 20% ～30%。

3. 滴灌系统布设

(1)滴灌系统组成　由水源、首部枢纽、输水管和滴灌带 4 部分组成。水源用井水或蓄水池的储水。首部枢纽包括水泵、施肥器、过滤器、各种控制测量设备等,其中过滤器是滴灌设备的关键部件之一。输水管采用直径 50～60 毫米的防老化碳黑 PE 管。滴灌带选用直径 15～20 毫米内镶式滴灌管。

(2)滴灌系统布设　滴灌系统的布设要根据作物种类合理设置,尽量使整个系统长度最短,控制面积最大,水分损失最小,投资最低。一是选择好滴灌系统。在日光温室生产中,国内选用的滴灌系统主要有北京绿源公司或甘肃大禹节水股份有限公司生产的成套滴灌设备。二是布设滴灌系统。一般温室中都建有储水量为 30～50 立方米的蓄水池,为滴灌系统的水源。输水管顺温室后墙沿走道东西方向铺设,如果温室长度超过输水管最大铺设长度,则可在输水管中部安装三通向两头输水。所有温室都要南北向起垄定植作物,垄与走道垂直,一般垄宽 50 厘米,高 10～15 厘米。起垄时要做成中间低、两边高的"凹"型垄。滴灌带顺垄铺设,放在垄的中间低凹处,长度同垄长,末端封堵,然后垄上覆盖地膜。"凹"型垄的中心距一般为 100～120 厘米,因而滴灌带的布设间距为 100～120 厘米。输水管与滴灌带垂直对接,用旁通连接。作物幼苗在垄上滴灌带两旁定植,窄行距控制在 25～30 厘米。定苗株距随滴灌带滴孔间距确定,一般滴灌带滴孔间距为 25～30 厘米。三是计算好投入成本。0.5 亩栽植面积上,滴灌设备投资 750 元,年运行费 309.5 元(其中动力费按实灌一次 2 元计算,一年计 72 元,维修费、设备折旧费按总投资的 5％计算,年计 237.5 元),合计投入 1059.5 元。

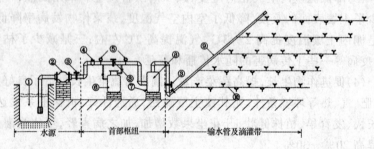

①水池　②水泵　③调节阀　④水表　⑤压力表　⑥施肥罐　⑦排沙阀　⑧过滤器　⑨支管　⑩滴灌带

图 4－1　日光温室滴灌系统示意图

3.管理事项

(1)注意事项　一是滴灌的管道和滴头容易堵塞,对水质要求较高,所以必须安装过滤器;三是在蔬菜灌溉中不能利用滴灌系统追施粪肥;二是滴灌投资较高,要考虑作物的经济效益。

50

(2)管理提醒

规范操作　要想达到滴灌的最佳效果,设计、安装、管理必须规范操作,不能随意拆掉过滤设施和任意位置自行打孔。

注意过滤　大棚温室膜下滴灌蔬菜,要经常清洗过滤器内的滤网,发现滤网破损要更换,滴灌管网发现泥沙应及时打开堵头冲洗。

适量灌水　每次滴灌时间长短要根据土壤缺水程度和作物需水情况,一般控制在1~4个小时。

4.示例(以番茄为例)

(1)整地施肥　在安装滴灌设施之前,首先深翻地块,然后耙磨整平,作成宽50厘米的"凹"型垄。同时结合整地起垄,亩施优质农家肥2000公斤,磷二铵15公斤,尿素、复合肥各7公斤。

(2)铺设地膜　拉直滴灌管,使其位于垄中间低凹处,随后覆盖地膜、绷紧、放平,两侧用土压实。

(3)定植后的肥水管理　0.5亩定植面积上,定植时滴灌4~6个小时,用水7~10立方米。催果时滴灌4~5个小时,用水7立方米,其他灌水每次需水5立方米,滴灌2~3个小时。滴灌间隔时间视作物长势、土壤墒情而定。1~3月挂果前间隔15天灌一次水,挂果后10天灌一次水,4月份以后灌水间隔为5~7天。结合滴灌追施化肥,一般追复合肥4公斤或磷二铵1.5公斤、尿素2公斤、硫酸钾0.5公斤,化肥溶解后随滴灌水施入。追肥时间以黄瓜摘瓜后20天左右为宜。

三、渗灌技术

1.灌溉原理及设计

渗灌技术是一项适合在水资源相对缺乏的地区推广的节水灌溉技术。渗灌是通过埋入地下的多孔管道直接向蔬菜作物根际土中慢慢渗透供水,而且灌水量大小可依作物需水量来控制,使土壤含水量不超过土壤饱和含水量,因此不会产生水分向土壤深层的渗漏,也不使土壤表面潮湿,既能抑制杂草和病菌生长,又能减少地表水分蒸发。

自制一容积为6立方米的低压铁质水箱,将其置于离地1.5米左右高处。渗灌管为塑料硬管,有效长度为6.5米,孔距为25~30厘米,间距 1.2 米,埋入地下 20 厘米深处。灌水时水通过支管流入渗灌管,然后通过滴孔渗入土壤中供蔬菜作物生长发育。

2．渗灌技术的优点

(1)土壤理化性质良好。采用渗灌技术,温室地表土壤呈干燥状态,土壤疏松,不板结,通透性能良好。

(2)节水、节肥、省工。渗灌是将水分慢慢从管孔中渗入作物根际土壤之中,并且根据不同天气状况和作物不同生育时期供应作物水分、养分,渗灌较膜下暗灌亩节水 50％ 左右,节肥 30％ 左右,省工 50～60 个左右。

(3)室内气温、地温增加,病虫害减轻。渗灌较膜下暗灌室内气温增加 1.5～2.3℃,地温增加 1.1～1.6℃,病虫害病情指数降低 12.9％～23.9％。

(4)提高了蔬菜作物的产量。试验结果表明,渗灌较膜下暗灌可亩增产 15％～20％。

第五章　日光温室黄瓜
优质高产栽培技术

　　黄瓜,以其清香脆嫩爽口和较高的营养价值倍受消费者的欢迎,在果菜类蔬菜中,黄瓜的周年消费量居首位,也是甘肃省节能日光温室蔬菜生产的主栽作物之一。甘肃省广大农业科技人员和菜农经过近十年的探索与实践,在日光温室冬春一大茬黄瓜栽培中积累了较丰富的经验,涌现出一批高产典型。但单一的追求高产,已难取得高效益,因为消费者对蔬菜的品质、无公害要求越来越高,因此及时引导种植户的种植观念,从产量型向优质、无公害方向转变,对保持日光温室黄瓜生产持续高效益发展具有十分重要的意义。

第一节　黄瓜对环境条件的要求

　　黄瓜是喜温蔬菜作物,其生长发育的适宜温度范围为 12～32℃,其中昼温以 24～32℃,夜温以 12～15℃,地温以 20～25℃为宜。35℃以上高温生育不良,引起落花落果,产生畸形瓜。种子发芽适温为 25～30℃。从播种到果实始收需积温 800～1000℃。
　　黄瓜是喜光蔬菜作物,其光合作用的光饱和点为 5～6 万勒克斯(Lx)。多数黄瓜品种为短日照类型,即在 10～12 小时以下的短日照和低温条件下,有利于花芽分化,并能促进雌花形成,降低结果部位。
　　黄瓜叶片的蒸腾量大,而根系的吸水能力相对较弱,因此要及时适量浇水。同时,黄瓜根系的呼吸强度较大,需氧量较高,要求土壤必须含有充足的氧气,因此,地下水位高或过量浇水对黄瓜生长不利,黄瓜要求土壤相对湿度为 60%～90%,空气相对湿度为 65%～90%,如空气相对湿度超过 90%,易发生病害。

黄瓜适宜种植于富含有机质的肥沃土壤中。黏土发根不良,砂土发根虽然旺盛,但易于老化。黄瓜适于弱酸至中性土壤,当 pH 高于 7.2 时,易烧根死苗,发生盐害;当 pH 值低于 5.5 时,易发生多种生理病害。

黄瓜一生的生长量较大,需肥量较多,其生长发育中对氮、磷、钾的吸收量以氮、钾为多,而且 50%~60% 是在收获盛期被吸收的。因此,结瓜盛期追肥很重要。

第二节　优良品种

一、津优 2 号

由天津市黄瓜研究所育成的一代杂种。植株长势强,叶色深绿。以主蔓结瓜为主,单性结实强。第一雌花着生在 3~4 节,节成性好。瓜条长 30cm 以上,单瓜重 200~300g,瓜色深绿,瓜条顺直,微棱无瘤,刺密,商品率高,风味佳,抗霜霉病、白粉病及黑星病,耐低温和弱光,适宜日光温室越冬栽培。

二、甘丰 8 号

由甘肃省农科院蔬菜所育成的一代杂种。经全国、全省、区试表现为早熟,丰产性好,植株长势强,以主蔓结瓜为主,瓜码密,瓜条生长速度快,瓜条长棒状,色绿,长 33cm 左右,单瓜重 260g,果皮薄质脆,微甜,商品性好。耐低温和弱光,在 9~13℃ 下能正常生长。抗霜霉病、白粉病,一般亩产 1 万公斤以上。

三、迷你 2 号

由国家蔬菜工程研究中心育成的一代杂种。适于日光温室及春大棚种植,全雌性,一节 1~2 瓜,瓜长 12 厘米左右。光滑无刺,易清洗,

54

不易附着农药,适于生产无公害蔬菜,可作为特菜供应元旦、春节、及五一市场,生长势强,坐瓜能力好,耐霜霉、白粉等真菌病害,注意防治蚜虫与白粉虱,以免传播病毒病。为了保证产量,底肥要施足。可周年种植,为丰产型水果黄瓜。

四、中农 11 号

由中国农科院蔬菜花卉所育成的早熟一代杂种。植株长势较强,生长速度快,主蔓结瓜为主,第一雌花始于 3～5 节,回头瓜多,耐低温性好,瓜长棒形、色深绿、刺密、白刺。瓜长 30～35cm,商品性好,抗黑星病、枯萎病、疫病等多种病害,耐霜霉病。平均亩产 8000kg 以上。适于日光温室栽培。

五、津春 4 号

由天津黄瓜研究所育成。植株长势强,主侧蔓结瓜,叶色深绿,瓜条棒状,单瓜重 250g,具有一定的耐热性和耐密性,抗霜霉、枯萎病、耐白粉病。适合于日光温室秋冬茬栽培用,一般亩产 5000～7000kg。

另外适于日光温室早春和越冬茬栽培的品种还有山农 5 号、津春 3 号、津园 1 号。适宜秋冬茬栽培的品种有津杂 2 号、津优 1 号等。

第三节 日光温室冬春茬黄瓜 优质高效栽培技术

一、品种选择

日光温室冬春茬黄瓜栽培应选择耐低温弱光,植株长势较旺又不易徒长,分枝较少,雌花节位低,节成性好,瓜条大小适中,品质优良,产量高,抗病力强的品种。目前表现较好的品种有津优 2 号、甘丰 8 号、甘丰 11 号、中农 11 号、山农 5 号等。

二、育苗技术要点

1. **育苗方式** 目前日光温室冬春茬黄瓜栽培的育苗方式主要是采用嫁接育苗方式。砧木品种为黑籽南瓜,具有预防黄瓜枯萎病的发生,提高黄瓜耐寒性、耐旱性及提高产量等作用。

2. **播种期** 嫁接砧木黑籽南瓜播种期因嫁接方法不同而播种期不同。采用靠接法嫁接黄瓜应比黑籽南瓜早播 5~7 天;而如果采用插接法嫁接,黑籽南瓜应比黄瓜早播 4~5 天;如采用蔓茎插接法嫁接,黑籽南瓜比黄瓜早播 7~10 天。

3. **播种量** 嫁接砧木黑籽南瓜,每亩用种量为 1500g,每平方米苗床可播种 200g 左右。黄瓜每亩地用种量为 150g,每平方米苗床可播种 25~30g。

4. **播种前的准备**

(1)营养土的准备:营养土的成分包括田土、有机肥和化肥等,其配制方法是取葱蒜类茬或未种过瓜类的田园熟土 4 份、充分腐熟的羊粪或猪粪 3 份、腐熟的马粪或锯末 3 份,然后分别过筛并混合拌匀备用。

(2)苗床及育苗容器的准备:先按所需播种床面积的大小,在温室内阳光充足的位置整平地面,四周起埂,然后铺上 10cm 厚的营养土,轻微压实整平备用即可。一般接穗苗子直接播于苗床内,而砧木苗以育在 8×10cm 营养钵中为好,以利保护根系不受损伤。

(3)种子处理及浸种催芽

①黄瓜:利用种子体积 4~5 倍的 55℃ 热水烫种,不断搅拌至 30℃ 停止搅拌,再浸泡 4~6 小时;然后清洗种皮上的黏液,并用清水淘洗多次后用湿纱布或湿毛巾包起来,置 25~28℃ 条件下催芽,通常 24 小时便可出芽,当芽长至 2~4mm 便可播种。催芽时应注意保持适宜的温度、水分和空气。否则出芽受抑。

②黑籽南瓜:黑籽南瓜以采用前一年采收的种子发芽率较高,但如果用 0.3% 过氧化氢浸泡 8 小时,再在荫凉处晾晒 18 小时,会大大提高发芽率。浸种时间一般以 6~10 小时为宜,浸种后用清水搓洗干净,用湿纱布或湿毛巾包好置 28~30℃ 温度处催芽,当芽长至 3~5mm 时

即可播种。

5．播种　首先给苗床或营养钵浇透底水,待水渗下后,将黄瓜种子按 2～3cm 见方的距离均匀播在床面上,上盖 1.5cm 厚的营养土,再盖上地膜。黑籽南瓜可按上述方法播在苗床或按每个营养钵一个种芽播在营养钵中,覆土厚度为 2cm,上盖地膜保湿。通常 3～4 天即可出苗。

6．嫁接与移苗(分苗)　一般采用靠接法嫁接,成活率较高,易管理,也可采用插接法嫁接。蔓茎插接法是近几年摸索成功的一种新嫁接方法,可以克服"假接苗"现象。

嫁接后应立即栽入装有营养土的营养钵(8×10cm)中或移栽苗床上,株行距为 10×10cm。无论采取那种方法移苗,均需在移栽后浇透水,然后扣上小拱棚保温保湿。嫁接 15 天后可断根。断根后待黄瓜长出新叶立即取掉嫁接夹。

7．苗期环境管理　苗期环境管理是培育壮苗的关键,因此,在黄瓜育苗中必须充分重视。

(1)温度管理　播种至出苗期白天应保持在 28～30℃,夜间保持在 18～20℃ 为宜,子叶出土后应适当降低温度,白天以 24～26℃、夜间 15～16℃ 为宜;黄瓜嫁接期间应适当提高温度,促进伤口的愈合,一般白天以 28～30℃、夜间以 18～20℃ 为宜。嫁接 7～10 天后,伤口已基本愈合,可适当降温,嫁接 15 天以后可恢复到子叶出土后的温度;当幼苗 2 片真叶展开后,黄瓜雌花开始分化,应控制白天温度在 24～26℃、夜间温度在 13～15℃,以促进雌花分化,增加前中期产量;定植前 7～10 天,应进行低温炼苗,白天以 20～24℃、夜间以 10～12℃ 为宜。整个育苗期的地温保持在 15～20℃ 为宜。

(2)土壤水分和空气湿度管理　播种时应浇透底水,直到幼苗嫁接或移植前,一般尽量避免浇水。嫁接或移植时再浇透水,此后尽量少浇水。土壤缺水时,应选择晴天上午进行浇水。总之,整个育苗期不宜浇水次数过多,同时要注意适宜的浇水量,既不能浇水量过大,又要浇透。苗期空气湿度可控制在 70% 左右,超过 80% 要适当放风,以防止幼苗徒长和病害发生。但嫁接苗在嫁接成活以前需要保持较高的空气相对湿度,以促进嫁接伤口的愈合,此时,空气相对湿度在95%左右为宜。

(3)光照管理　黄瓜生长发育要求较强的光照强度,冬春茬黄瓜育苗在9月上中旬,光照较为充足,幼苗出土后应尽量保证苗床最大限度地见光。但在嫁接后7~10天以前应适当遮光,以降低叶片蒸腾,提高嫁接成活率。嫁接成活后,应尽量增强光照度,一般在光照管理措施上,应选择透光性好、具防尘性的棚膜,如EVA膜。坚持每天擦拭棚膜上灰尘;阴雨天也要揭草帘,以增加散射光;温室后墙张挂反光膜,以增强后排植株光照强度;当幼苗拥挤时,及时疏散营养钵,以扩大营养面积,增加幼苗群体内部的光照等。另外,在温度允许的情况下,尽量早揭和晚盖草帘,以增加光照时间。

(4)营养管理　一般冬春茬黄瓜栽的苗龄在45天左右。因此,在配制营养土时一定要注意营养全面且丰富,苗期不需要追肥。但如果营养土瘠薄,幼苗表现出缺肥现象,可叶面喷洒0.2%左右的磷酸二氢钾和尿素。

8. 苗龄和壮苗标准　冬春茬黄瓜的日历苗龄以40~45天为宜;其壮苗指标为株高10~13cm,茎粗0.8cm左右,叶片数3~4片,叶片大而厚,颜色浓绿,节间短,下胚轴3~4cm长,根系发达而洁白,花芽分化早、无病虫害。

三、定植前的准备

1. 整地施基肥　黄瓜最好与非瓜类作物接茬,在黄瓜定植前10~15天应清理上茬作物,并密闭温室,用硫磺粉进行一次熏蒸。然后根据土壤的肥力状况进行施肥,施肥的数量以通过测土后确保土壤中有机质含量在3%~4%,全氮含量在0.2%,速效氮含量在200mg/kg以上,速效磷(P_2O_5)含量在150~200mg/kg,速效钾(K_2O)含量在300mg/kg左右为宜。但若无条件实行测土施肥,在一般土壤肥力水平下,则可亩撒施优质腐熟有机肥10000kg,然后深翻30~40cm,耙细搂平。

2. 做垄　按80cm和40cm间距交替开南北向定植沟,以便采用大小垄定植,定植沟垄20cm,待定植时在大垄上做成垄,中间留暗沟以备灌水用。

四、定植及覆盖地膜

1. 定植

(1)定植的界限温度指标:定植后,温室内最低气温在 13℃ 以上,地温在 15℃ 以上。

(2)日光温室结构及定植时期:最好选用新型高效日光温室。定植时间在 10 月下旬至 11 月上旬。定植选晴天上午进行。

(3)定植方式及方法:定植的株距为 28cm,每亩 3600～3800 株,在两苗间穴施磷酸二铵,用量为每亩 40～50kg。采用水稳苗法栽苗,即将苗坨摆放在沟内,浇透水然后封沟,暗沟内要整平底面,以利于以后灌水。

2. 覆地膜　定植后应把垄整平整细,然后覆盖 140cm 幅宽的地膜,覆膜应在上午露水干后进行,以免掏苗时伤苗过多,同时大小沟都要覆严,可有效地降低温室内空气湿度。采用先定植后覆地膜的方法,有利于提高定植质量和浇足定植水,同时也可避免定植处膜孔过大,防止水分大量蒸发。

五、定植后管理

1. 缓苗期管理　定植后尽量提高室内温度,促进新根生长,以利于缓苗。一般白天以 25～28℃、夜间以 13～15℃ 为宜,浇一次缓苗水,灌水时应注意灌透,并且要在晴天上午进行。

2. 缓苗后到根瓜采收前的管理　缓苗后以促根控秧为中心,尽量控制植株徒长,促进根系发育。在温度管理上应适当加大温差,实行"四段变温"管理,即午前为 26～28℃,午后逐渐降低到 20～22℃,前半夜再降至 15～17℃,后半夜降至 10～12℃。在光照管理上应尽可能增加温室内的光照强度和光照时间,其措施除了尽量早揭和晚盖草帘外,还应及时清扫棚面灰尘。在肥水管理上,一般根系形成前不进行追肥灌水,当根系伸长至 12～15cm 时,开始灌根瓜水。但应注意灌水要选择晴天上午进行,水量要充足不可过多,采用暗沟灌。当黄瓜植株开始伸蔓时,应及时插架或吊蔓。

3.结瓜期管理　从根瓜采收至拉秧期间,应以促进植株生长和调节植株营养生长与生殖生长不平衡为中心进行栽培管理。这一时期应加强肥水管理,通常从采收初期至结瓜盛期应每隔 20 天左右追一次肥,每 10～20 天灌一次水;从结瓜盛期至拉秧每 10～15 天追一次肥,每 5～10 天灌一次水。肥料以选择磷酸二铵、尿素和钾肥(硫酸钾、硝酸钾)配方施肥为宜,一般每次每亩 10～15kg,同时可追施一些生物肥料及 CO_2 气肥。随着外界气温转暖,灌水后要加强放风,同时选连续晴好天气可明暗沟同时浇水施肥。

在温度管理上,仍采用"四段变温"管理,但温度指标可适当提高,午前保持 28～30℃,午后 22～24℃,前半夜 17～19℃,后半夜 12～14℃。在生育后期应加强通风,避免室内高温。

在植株调整上,应及时摘除侧枝和老叶病叶。当植株长至 30～40节,龙头接近温室屋面时,可进行落蔓。

六、采收

黄瓜属于嫩果采收,采瓜早晚对产量和品质影响较大。一般根瓜应及早采收,以防坠秧,此后应根据植株生长状况和结瓜数量决定采收适期,如植株生长旺盛,结瓜数量较少,应适当延迟采收。

七、生长发育诊断

1.幼苗期的生育诊断　当苗期营养丰富、光照充足、昼夜温度适宜且温差较大、适当控水的情况下,幼苗茎较粗,棱角分明,子叶完整,叶片肥厚,叶缘缺刻深、叶脉粗,叶大小适中,色浓绿而有光泽,节间较短,幼苗株高与幅宽比约为 1:1。当苗期营养不足、光照弱、夜温高、温差太小,水分过多时,则节间较长,叶柄也长,叶片大而薄,色淡,呈徒长苗。但在弱光期育苗,如果营养不足,保持较大温差且夜间适当偏低温管理,并适当控水,虽幼苗生长较慢,却会获得茎较粗、叶肥厚、色浓绿、节间较短的健壮幼苗。但如果温度过低且控水过度,则会出现龙头不舒展或花打顶现象。

2. 根瓜坐瓜前的生育诊断　定植后到根瓜坐瓜前,植株的生育状况与幼苗期基本相同。在温、光、水、肥等条件均较适宜,且采用变温管理的情况下,直至根瓜坐瓜,植株粗壮,子叶完整,节间不超过5cm,叶柄长小于节间的2倍,叶片浓绿、肥厚,叶片着生角45°左右,心叶舒展,花色鲜黄,雌花花瓣大,开花时瓜码较大,膨大的瓜条刺瘤饱满而有光泽。如果出现叶片大而薄,节间和叶柄长,叶色淡,叶片着生角小于45°,则说明光照不足,夜温高,水分过多。但如果出现花打顶或龙头紧缩(非品种原因),则说明夜温低、水分过少。

3. 结瓜后的生育诊断　结瓜后,在温、光、水、肥等条件适宜,昼夜温差较大,且采用"四段变温"管理的情况下,节间长短均匀一致,节长约为5～10cm,叶柄长为节间长的1.5倍左右,叶片厚而浓绿,且平展,叶面积为350～400cm^2,叶缘缺刻深,卷须粗壮而长,叶片和卷须着生角度45°左右,雌花开放节位距顶端约50cm,雌花花瓣大,子房较长且下垂,瓜条直,先端稍细。如果叶片圆形,且大而薄,色淡,叶缘缺刻浅,叶柄和节间长,叶片着生角小于45°,茎叶生长繁茂,开花节位距顶部超过50cm,下部化瓜多,则说明夜温过高,尤其是后半夜温度过高,光照不足,水分过大,氮肥过多。如果叶片小,叶色暗绿,叶柄短,叶片下垂,叶片着生角度增大,卷须下垂,雌花开化节位距顶端短,则多因温度过低,土壤水分不足所致。

八、常见的几种生理病害

弯瓜:最根本的原因是植株体内营养不足造成的,而引起植株体内营养不足的原因主要有植株衰弱;肥水不足,尤其是钾肥不足;光照较弱;高温干旱;结瓜过多,每条瓜的平均叶面积不足等。

蜂腰瓜:主要是由于花芽分化期间高温干燥,低温多湿,多肥(多氮、多钾),缺钙,尤其是硼的吸收受到障碍等原因所引起的。

大肚瓜:光照弱、高温、密植、钾不足、叶片老化、功能叶减少等原因会造成大肚瓜。

尖嘴瓜:单性结实能力弱的品种,主要是因开花时授粉受精不良引起的。单性结实能力强的品种主要是因高温干旱,土壤盐分浓度过高及植株衰弱和光合产物在体内分布不均匀等引起的。

溜肩瓜:除品种原因外,低温和植株营养不良、长势弱是主要原因。

尖端变黄:除品种原因外,在深冬季节,由于地温过低和光照弱也可引起这种现象发生。

苦味瓜:除品种原因外,主要环境影响因素有:生育前期是低温,生育后期是高温干旱,氮肥过多,灌水过量,营养生长过旺,栽植过密,瓜码多等原因。

第四节　日光温室早春茬黄瓜优质高效栽培技术

一、品种选择

日光温室早春茬黄瓜栽培也应选择耐低温弱光、植株长势较旺、不易徒长、分枝较少、雌花节位低、节成性好、瓜条大小适中、品质优良、商品率高、产量高、抗病力强的品种,目前生产上表现较好的品种有:津优1号、津优2号、甘丰8号、甘丰11号、农城3号、中农11号、津春3号等。

二、育苗技术要点

日光温室早春茬育苗时正值低温季节,通常要采用温床育苗,以满足幼苗对温度的要求,一般采用的加热方式有电热温床加温、酵热温床加温和临时炉火加温三种方法。播种期一般在12月中下旬。其它技术同冬春茬黄瓜栽培育苗技术。

三、苗龄和壮苗标准

早春茬黄瓜的日历苗龄以50~60天为宜。其壮苗生理指标为株高15~18cm,茎粗1.0cm左右,叶片数4~5片,叶片大而厚,颜色浓绿,节间短,下胚轴3~4cm长,根系发达而洁白,花芽分化早,无病虫害。

四、定植前的准备

（同冬春茬）

五、定植及覆地膜

定植期在 2 月中、下旬，其它同冬春茬。

六、定植后管理

参考冬春茬黄瓜栽培。

第五节　日光温室秋冬茬黄瓜
优质高效栽培技术

一、品种选择

日光温室秋冬茬黄瓜栽培应选择耐低温、耐高温、长势强、品质好、产量高、抗病能力强的品种。目前生产中表现好的品种有津春 4 号、秋棚 1 号、津杂 2 号、津春 2 号等。

二、育苗技术要点

1.苗床场地选择　秋冬茬黄瓜的育苗期正值高温强光多雨季节，这种环境不利于黄瓜幼苗的生长发育，因此，要利用棚膜搭成凉棚，进行防雨和遮光。

2.苗床制作及播种期　苗床应制成低畦，四周筑埂防雨水流入苗床。播种期在 7 月下旬至 8 月上旬。

3.育苗方法及播种　秋冬茬黄瓜栽培的育苗采用直播育苗法，育苗方式为营养钵护根育苗。营养土配制同前，播种时每钵点 2 粒催出芽的种子，覆土厚度为 1.5cm。

4. 苗期管理　秋冬茬黄瓜的幼苗期应主要以减弱光强、降低温度、保持一定湿度、中耕锄草和防止徒长为重点管理目标。在具体措施上应采取适当遮光,使荫棚内透光率为 50% 左右;大放风,使空气流畅;勤灌水,使土壤见干见湿,浇水应在早晨进行,并且避免一次浇水过多,勤浇少浇,既可使土壤保持一定湿度,又可降低地温;每隔 5～7 天要进行中耕疏松营养钵内土壤、有利于幼苗生长,若幼苗徒长可喷洒 100～150mg/kg 乙烯利。当幼苗长到 2～3 叶一心时定植。

5. 苗龄　日光温室秋冬茬黄瓜的日历苗龄为 20～25 天。其壮苗指标为株高 8～10cm,茎粗 0.6cm 以上,叶片数 2～3 片,叶片厚而浓绿,子叶健壮齐全,根系发达。

三、定植及定植后管理要点

1. 定植　定植前亩施优质腐熟有机肥 5000～6000kg,定植时穴施磷酸二铵每亩 30kg,其它方法同前。

2. 定植后管理

(1)前期管理:秋冬茬黄瓜生育前期处于高温强光季节,因此,这一时期应以降温为中心。主要采取昼夜大放风,勤浇水,根瓜未形成前适当松土等措施。一般除定植时浇透定植水外,4～5 天后应灌一次缓苗水,水量要充足,表土干后及时松土。当根瓜开始伸出时,应加强肥水管理,通常每 10 天左右灌一次水,待根瓜采收后,可随水每亩追施尿素 10～15kg,以后隔一次水追一次肥,并及时吊蔓整枝。

(2)后期管理:秋冬茬黄瓜生育后期逐渐进入寒冷季节,因此,在温度管理上,当外界最低气温降至 12℃ 以下时,及时扣棚,使白天保持在 25～33℃,夜间保持在 13～15℃;当温室内夜间气温降至 12℃ 以下时,夜间应覆盖草苫。在肥水管理上,应逐渐减少浇水次数,结果盛期随水追施磷酸二铵及尿素混合肥,每次每亩 20kg 左右。在光照管理上,每天擦扫棚面灰尘,以增加透光率。在植株调整上,除及时摘除老叶、病叶和 10 节以下的侧枝外,对于 10 节以上侧枝要留一瓜一叶后摘心,主枝长至 25～30 节时摘心。

第六节　迷你水果型黄瓜的栽培技术

水果型黄瓜,又称迷你黄瓜,为葫芦科一年生草本蔓生植物。与普通黄瓜相比,其瓜型小,一般长 10～18 厘米,直径约 3 厘米,重约 100克。瓜码密,结瓜多,每株多达 50～60 条。其果实短棒形,表面柔嫩、光滑、无刺,色泽均匀,口感脆嫩,瓜味浓郁。是一个极有发展前景的果、菜兼用型瓜类品种。

一、迷你黄瓜的特性

迷你黄瓜属喜温作物,不耐寒,不耐高温。其生长适温为白天 25～32℃、夜间 14～16℃,10℃左右的昼夜温差有利于生长。一般土壤绝对含水量 20% 左右,空气湿度 70%～80% 最适宜生长。在苗期要注意控制水分供给,防止温差过大而徒长或冻伤根系。光照充足有利于提高产量,但耐弱光能力较强,在冬春保护 8～11 小时的短日照有利于促进雌花分化。

迷你黄瓜喜肥,要求有充足的肥料供应、有机质丰富的肥沃土壤。施用腐熟有机肥,并注意氮磷钾的均衡供给,特别是注意补充钾肥和微量元素肥。

二、培育壮苗

1. 配好营养土及整理好苗床。

2. 做好播种工作。育苗时一般采用穴盘进行精量点播,生产上常采用黑籽南瓜进行嫁接育苗。

3. 苗期管理。幼苗嫁接好后立即置于苗床,支上小拱棚,用塑料薄膜盖严,以后做好温、水和光照管理工作,培育壮苗,适时定植。

三、整地、施肥、定植

迷你黄瓜结瓜量大,需要充足的养分供给,定植前每亩施用腐熟有机肥 5 吨,并同时施入过磷酸钙 30 公斤,饼肥 200 公斤,草木灰 50 公斤,深翻混匀,耙平起畦,畦高 20~30 厘米,并铺上地膜。当 10 厘米地温稳定在 15℃ 以上时即可定植。每亩栽植 2000~2500 株,一般选择在晴天上午进行定植。

四、田间管理

1. 温度管理。定植后一周内应适当闭棚,保持白天温度 25~30℃,夜间 18~20℃,不超过 35℃ 不放风,以促进缓苗。缓苗后可适当放风以降低温度,一般保持白天 22~25℃,夜间 16~18℃ 即可。进入盛果期后,白天黑夜温度应保持在 25~30℃,夜间 15~17℃,扩大温差有利于果实生长。

2. 肥水管理。在定植 7 天后应浇缓苗水,在根瓜坐住后每隔 3~5 天即可浇一次小水,每隔一次随水追肥一次,每亩施复合肥 10~15 公斤。在生长期内还应追施叶面肥 3~4 次,一般以 0.2% 的磷酸二氢钾配合微量元素肥结合施药喷施。

3. 植株调整方法与普通黄瓜基本相同。

4. 幼苗长到两片真叶时,喷浓度为 200 毫克/公斤的乙烯利溶液,隔一周再喷一次,以利于植株根系生长和雌花产生。

5. 二氧化碳施肥,施肥时间一般从根瓜坐住后至盛瓜末期,约经 60~80 天,一般采用土中浅埋双微二氧化碳片剂的方法。

五、病虫害防治

迷你黄瓜的病虫害与普通黄瓜基本相同,防治方法也相同。在生产中,发生较严重的病虫害主要是枯萎病、白粉病、霜霉病和蚜虫、白粉虱。由于迷你黄瓜主要是生食,进行病虫害防治应尽量少打药或不打药。

第七节　黄瓜主要病虫害防治

一、病害

1. 黄瓜霜霉病　主要危害叶片,也能危害茎蔓、卷须和花梗等,该病寄生于活体植物上,在气温 15～22℃,叶片结露或形成水膜时易发病,当气温低于 15℃ 或高于 28℃ 时不易发病。

防治方法:

(1)根据不同茬口选用抗病品种,如:甘丰 8 号、甘丰 11 号、津优 2 号、中农 11 号、津园 1 号、津春 4 号等。

(2)培育壮苗。定植时注意密度要适宜,避免过密。施足基肥,适时追肥,氮、磷、钾肥配合施用,避免偏氮肥,增施磷、钾肥。盛瓜期后为防止瓜株早衰,定期叶面喷施糖尿液(即白糖:尿素:水 = 1:1:200),或农保赞等叶面肥,补充营养提高瓜株抗病力。

(3)利用保护地密闭、温湿条件可以人为控制的特点,采取生态防治控制病害发生或抑制病情发展。即通过人为调控,利用温、湿度间的关系,创造有利于黄瓜生长而不利于霜霉病菌发育的生态条件来防治病害。采取四段变温管理,即揭苫后至 14 时(当地时间,下同)28 ± 2℃;14 时至闭风 22 ± 2℃;盖苫至午夜 17 ± 2℃;午夜至揭苫 13 ± 2℃。并根据外界温度配合放夜风,外界最低气温低于 10℃ 不放夜风;10℃ 放夜风 1 小时;11℃ 放夜风 2 小时;12℃ 放夜风 3 小时,13℃ 时整夜放风,15℃ 时揭开底脚薄膜加大昼夜放风量。要科学灌水,最好采用滴灌或膜下软管灌溉,严禁大水漫灌、阴雨天灌水和傍晚灌水。

(4)病势发展重时,可采用高温闷棚抑制病情发展。选择晴天中午密闭温室,使其温度迅速上升到 44～46℃,维持 2 个小时。然后逐渐加大放风量使温度恢复为常态。为提高闷棚效果和确保黄瓜安全,闷棚前一天最好灌水提高瓜株耐热力,温度计一定要挂在龙头处,秧蔓触棚时要弯下龙头。严格掌握闷棚温度和时间。闷棚后要加强肥水管理,增加瓜株体力。

(5)中心病株出现后,及时摘除病叶并喷药防止病害发展。药剂可选用25%甲霜灵可湿粉剂1000倍液,或40%乙磷铝可湿性粉剂250倍液,或75%百菌清可湿性粉剂500倍液,或80%大生可湿性粉剂800倍液,或72%克霜氰可湿性粉剂600～800倍液,或64%杀毒矾可湿性粉剂400倍液,或47%加瑞农可湿性粉剂600～800倍液,或72.2%普力克水剂800～1000倍液,或72%克露可湿性粉剂600～800倍液,或68%倍得利可湿性粉剂800～1000倍液。也可喷撒5%百菌清粉尘剂,或10%防霉灵粉尘剂每亩(667m²)1kg,或用沈阳农业大学研制的烟剂1号每亩350g熏烟。

2. 黄瓜灰霉病　主要危害瓜条,也能危害叶片、茎蔓。病菌在低温、高湿、弱光条件下易发生,发病的适宜温度为18～23℃,相对湿度90%。主要防治方法:

(1)高畦覆膜栽培。

(2)加强温、湿度管理。使用无滴膜,及时清洁棚面尘土,增加光照。注意密度,及时打去瓜株下部老叶,增加通风透光。搞好放风排湿。适量灌水,不要大水漫灌,切忌阴天灌水,防止湿度过大。寒潮来临时,做好保温。

(3)发病后及时摘除病花、病瓜、病叶,深埋或烧毁。收获后彻底清除病残体,并深翻土壤15cm以上,将表土菌核翻入底层,减少侵染菌源。

(4)重病地,在盛夏休闲时可深翻灌水淹田,并将水面漂浮物捞出深埋或烧掉。

(5)发病初期及时用药防治,药剂可选用50%多菌灵可湿性粉剂500倍液,或50%甲基托布津可湿性粉剂500倍液,或50%速克灵可湿性粉剂1500倍液,或50%扑海因可湿性粉剂1500倍液。或50%利得可湿性粉剂800倍液,或50%农利灵可湿性粉剂1000倍液,或40%多硫悬浮剂600倍液,或50%混杀硫悬浮剂500倍液,或30%克毒灵可湿性粉剂500～1000倍液。或68%倍得利可湿性剂800～1000倍液,或65%甲霉灵可湿性粉剂1000～1500倍液。也可用沈阳农业大学研制的烟剂 2 号,每亩(667m²)350g 熏烟。

3. 黄瓜白粉病 苗期至收获期均可发生,主要危害叶片,也能危害叶柄、茎蔓。病菌喜温、湿条件,但耐干燥。发病最适温度 20～25℃,相对湿度为 25%～80%。防治方法:

(1)选用抗病或耐病品种:如津优 2 号、甘丰 11 号、甘丰 8 号、津杂 2 号等。

(2)轮作倒茬与非寄主植物进行两年以上轮作。收获后彻底清除病残体,并随之深翻。

(3)加强肥水管理,注意通风透光,降低棚内湿度。防止瓜株徒长或脱肥早衰。

(4)发病前或发病初期,喷施 27% 高脂膜乳剂 100 倍液,在叶面上形成一层薄膜阻止病菌侵入或抑制菌丝生长。

(5)定植前,温室内用硫磺熏蒸消毒。100m³ 空间用硫磺 0.25kg、锯末 0.5kg,混合点燃熏蒸 1 夜。黄瓜生长期发生白粉病可用硫磺熏蒸消毒。按每 100m³ 空间用硫磺 0.15kg,锯末 0.5kg,装盆内点燃熏烟。

(6)发病初期及时用药剂防治。药剂可选用 2% 武夷霉素(BO-10)水剂 200 倍液,或 2% 农抗 120(抗霉菌素)水剂 200 倍液,或 25% 粉锈宁可湿粉剂 2000 倍液,或 20% 粉锈宁乳油 1500 倍液,或 30% 特富灵可湿性粉剂 1500 倍液,或 47% 加瑞农可湿性粉剂 600～800 倍液,或 40% 多硫悬浮剂 500 倍液,或 50% 硫磺悬浮剂 300 倍液,或 20% 敌唑酮胶悬剂 400 倍液,或 50% 嗪胺灵乳油 500 倍液,或 25% 敌力脱乳油 3000 倍液,或 12.5% 速保利可湿性粉剂 3000 倍液。也可用 10% 多百粉尘每亩(667m²)1kg 喷撒,或用沈阳农业大学研制的烟剂 6 号每亩(667m²)350g 熏烟。

4. 黄瓜细菌性角斑病 此病在苗期、成株期均可发生,主要危害叶片,也能危害瓜条、茎蔓。病菌在 4～38℃ 范围内均能生活,发生最适宜温度为 25～27℃,要求 90%～100% 的相对湿度和有水膜(滴)存在。防治方法:

(1)使用无病种子。一般种子必须进行种子消毒处理,可用 50℃

温水浸种20分钟,或40%福尔马林150倍液浸种1.5小时,或100万单位硫酸链霉素500倍液浸种2个小时,浸后均需清水冲洗晾干后催芽育苗。

(2)无病土育苗。重病地块应与非瓜类作物进行2年以上轮作。

(3)加强肥、水管理,防止瓜株早衰,增强对病害的抵抗力。加强放风排湿,控制棚室内湿度。为减少棚膜滴水,最好使用无滴膜,一般棚膜可喷涂无滴液剂。

(4)经常检查,发现病株及时摘除病叶,并深埋。收获后彻底清除病残体。随之深翻土壤。

(5)发病初期及时药剂防治,可喷施农用链霉素150mg/kg或新植霉素150~200mg/kg,或50%琥胶肥酸铜(DT)可湿性粉剂500倍液,或60%百菌清可湿性粉剂600倍液,或50%甲霜铜可湿性粉剂600倍液,或14%络氨铜水剂300倍液,或77%可杀得可湿性微粒粉剂400倍液,或47%加瑞农可湿性粉剂600倍液,或10%高效杀菌宝水剂300~400倍液。也可用沈阳农业大学研制的烟剂5号,每亩(667m²)350~400g熏烟。

5. 黄瓜细菌性斑点病 主要危害叶片,多以中、上部叶片发病重,病菌发生适温22~25℃,要求95%以上相对湿度,侵入需要有水膜(滴)存在。防治措施:

(1)使用无病种子。一般种子要进行消毒处理,种子可用50℃温水浸种30分钟,或40%福尔马林150倍液浸种1.5小时,或100万单位硫酸链霉素500倍液浸种2个小时,浸后清水冲洗干净后催芽播种。

(2)无病土育苗。发病地应与非瓜类作物进行两年以上轮作。

(3)高畦覆膜栽培。加强肥、水管理。做好放风排湿,控制棚、室内湿度。

(4)初见病株及时摘除病叶深埋,减少田间菌源。收获后彻底清除田间病残体,减少初侵染源。

(5)发病初期及时药剂防治,药剂可选用50%甲霜铜可湿性粉剂500倍液,或50%琥胶肥酸铜(DT)可湿性粉剂500倍液,或60%百菌清可湿性粉剂500倍液,或10%高效杀菌宝水剂300~400倍液,或

70

47%加瑞农可湿性粉剂500倍液。或77%可杀得可湿性微粒粉剂500倍液,或农用链霉素200mg/kg,或新植霉素150mg/kg。

二、虫害

1. 蚜虫

主要防治措施有:

(1)利用黄板诱杀蚜虫。

(2)保护地内张挂银灰色反光幕避蚜。

(3)蚜虫发生后及时药剂防治,药剂可选用20%氰戊菊酯乳油3000倍液,或20%灭扫利乳油2000倍液,或2.5%功夫乳油4000倍液,或2.5%天王星乳油3000倍液,或10%氯氰菊酯乳油2000~3000倍液,或21%灭杀毙乳油6000倍液,或40%乐果乳油加醋和水,按1:1:1500~2000液喷雾。也可用沈阳农业大学研制的烟剂4号,每亩(667m^2)400g熏烟。

2. 白粉虱

主要防治措施有:

(1)把好育苗关,培育无虫苗十分重要。为此,育苗前彻底清除残虫、杂草、残株落叶,或用药剂熏杀苗房残虫。

(2)在通风口处增设尼龙纱防虫网,防止外来虫源飞入。

(3)发生后,及时打下枝杈、叶片处理,可减少虫量。

(4)发生重害的温室、大棚,提倡种一茬白粉虱不喜食的蒜苗、蒜黄及十字花科蔬菜等。并应避免与番茄、豆类等混栽。

(5)发生盛期,可在温室、大棚设置涂粘油的黄色板,诱杀成虫。

(6)在发生严重的温室、大棚内,释放丽蚜小蜂或草蛉,可控制虫量。

(7)药剂防治可用25%扑虱灵可湿性粉剂1000倍液,或2.5%天王星乳油3000倍液,或2.5%功夫乳油3000倍液,或20%灭扫利乳油2000倍液,或50%乐果乳油1000倍液喷雾。密闭条件下,也可用敌敌畏熏蒸,每亩(667m^2)用0.4~0.6kg。也可用沈阳农业大学研制的烟剂4号,每亩(667m^2)400g熏烟或用蚜虱毙烟剂熏蒸。

3.美洲斑潜蝇

防治措施：

(1)加强检疫。严禁疫区叶菜调往非发生区。疫区的瓜类、茄果类、豆类蔬菜外调时严禁携带叶、蔓;严禁以叶片、茎蔓作为铺垫和包装物。

(2)在发生区,蔬菜品种布局上应将其喜食的瓜豆类与危害轻或不危害的苦瓜、葱类等间、套种。适当稀植,减少枝叶荫蔽性,造成不利其生长发育的环境条件,可明显减轻发生。

(3)扣棚前深翻土壤。隔离培育无虫苗,杜绝虫苗进棚。

(4)及时摘除早期被害叶片,定期清除田间杂草和老残叶片,集中烧毁、集中堆沤、深埋处理,可减少虫源。尤其在种植前要彻底清洁田园。

(5)在发生美洲斑潜蝇棚室内设置黄板,上涂机油等粘着物可大量诱杀成虫。

(6)药剂防治要狠抓"早"字,重点抓住苗期2~4叶期及时用药,控制其向上扩散和压低一代虫口密度。药剂可用5%高效氯氰菊酯乳油1000倍液,或80%敌敌畏乳油1000倍液,或用敌敌畏烟剂熏烟,或用敌敌畏150ml加1kg水喷在10kg锯末(稻糠)上,撒施在棚室中熏蒸,杀死成虫。也可用40%乐斯本乳油1000倍液,或菜蝇净悬浮剂1000~2000倍液,或灭蝇王乳油1000~1500倍液,杀死成虫和幼虫。也可用1.8%爱福丁乳油3000倍液,或1%7051杀虫素乳油3000~4000倍液,或20%好年冬乳油1500~2000倍液,或绿保素10ml+杀灭菊酯4ml+水15kg防治幼虫。

第八节 温室棚栽黄瓜常见问题的解决

近年来各地菜农咨询棚栽黄瓜的问题较多,现将有关咨询问题解答整理如下,供参考。

一、每年冬季棚栽黄瓜都出现"花打顶"现象,产量严重降低,是什么原因,怎么避免?

答:黄瓜花打顶的主要原因是夜间温度低(特别是连续 10℃ 以下)、土壤长时间水分不足、施肥量过大造成的。在持续低温、干旱、土壤溶液浓度过高的情况下,根系对水分和养分的吸收困难,长势衰弱,节间缩短,但花蕊继续生长,雌、雄花开到顶端,且由花芽封顶,俗称"花打顶",在这种情况下很难结出商品瓜了。避免和解决花打顶的措施:一是调控棚温,白天保持在 25~28℃、夜间 15~20℃;二是适量浇水,做到不干旱、不过湿,可膜下小水灌溉,有条件的以滴灌最佳;三是适量施用底肥和追肥,不要盲目过多地施用农肥、化肥(特别是磷肥)及饼肥做底肥。只要掌握好这三项措施,花打顶是完全可以避免的。

二、黄瓜徒长,秧子旺但开花少、开花节位下移,产量严重降低,是什么原因? 怎么办?

答:当棚温过高、特别是夜间温度高,水、肥过多、特别是氮肥营养过多,氮磷失调,光照不足的情况下,容易引起徒长、花少、开花节位下移,甚至光长秧子,不结瓜。其解决办法同避免黄瓜花打顶的 3 项措施基本一样,即对棚温、土壤、水分和养分的控制。只是在对养分的控制上应避免用氮过多、用磷过少。黄瓜对氮、磷、钾的吸收比例大致为 1:0.8:1.5,应充分考虑土壤养分状况合理选用配方肥,一般可亩用美盛 18 - 12 - 18、18 - 12 - 20、16 - 12 - 20 或 16 - 16 - 16、19 - 19 - 19 配方肥 80~100 公斤及充分发酵腐熟的有机肥 2000~3000 公斤、掺适量的硼肥、锌肥作底肥,结合耕翻全层施用;配合 23 - 7 - 12 硝酸钾型冲施肥,从根瓜坐住开始,结合浇水每次或隔次亩冲 10~15 公斤。合理地投入养分,对避免徒长及花打顶都是十分重要的。当前的突出问题是用肥量过多、养分失调,必须注意解决。

三、连日大雾,常出现化瓜,怎么办?

答:每年的 11 月中、下旬到翌年 1 月份,常有连续雾、雪天气,光照弱、气温低(白天低于 20℃)、养分供应不足,以及一节多瓜的情况下都容易引起化瓜。主要应从调控光照、棚温、水分、养分上解决问题,各项因素的调控指标同花打顶的调控指标是一致的,但化瓜对光照更敏感,应在棚内增设增光设施,并尽量延长开帘时间,遇到弱光条件一节只留一瓜为好。

四、黄瓜尖嘴甚至烂尖是怎么回事,怎么解决?

答:某些单性结实品种,花期温度过低,受粉困难,同时土壤过湿、长势衰弱,营养不良,是出现尖嘴瓜的重要原因;相反若持续气温偏高、干旱,或施肥过多、过少,都不利于水分、养分的吸收,同样引起植株衰弱,营养不良,也会出现尖嘴瓜。当温度、水分、养分状况长期得不到改善,必然出现生理性缺素症,包括某些大量元素、中量元素和微量元素,最终导致生理性烂尖。

同花打顶、徒长的解决办法一样,其根本的解决途径首先是控制好大棚的温度、水分和养分,同时注意对某些中、微量元素的补充。

五、同一个大棚会阶段性长出大肚瓜和蜂腰瓜,商品价值大打折扣,是怎么回事? 怎么避免?

答:大肚瓜和蜂腰瓜主要是受精不一致造成的。已受精发育成种子的部位,有机养分供应充分,营养体发育也充分;而未受精未发育成种子的部位,则养分供应不足,营养体发育不良。由于棚栽条件下受外界环境(如光照、温度、水分、养分等)的影响,有时适合受精,有时不适合受精,这种阶段性变化就会在同一条黄瓜上出现适合—不适合—适合变化的情况,必然出现大肚瓜和蜂腰瓜。

其解决办法主要也是从调控大棚的光照、温度、水分、养分等因素上下功夫,应从保持各项因素指标的基本稳定上做起,同时应注意对硼肥、锌肥的施用,才有利于瓜条顺溜一致。

六、黄瓜缩头咋回事,怎么解决?

笔者接到很多菜农的电话,普遍反映在一段时间内,黄瓜出现了以下症状:生长点下弯、生长停滞,菜农俗称"缩头"。这种情况尤其在低温寡照的情况下发生严重。黄瓜龙头萎缩,一般在低温条件下和结瓜高峰期出现,这是一种生理性病害,是由于营养生长和生殖生长不平衡引起的,该病前期的症状首先表现在植株的上部,出现花打顶现象,如果再遇上低温天气,可致生长点萎缩、停止生长或向下弯曲、一侧叶片的叶柄高于生长点。

出现上述症状的原因有以下几点:

品种问题　在我省的黄瓜种植品种中,大都是种植杂交品种,出现上述症状是杂交品种的特性之一,这是黄瓜在低温条件下的正常反应,可以通过加强管理来避免此种现象的出现。

地温低、根系受寒在低温季节,尤其是在阴雪天气地温低,根系活力差,吸收水分、养分的能力有限,不能满足植株的正常生长需要。

营养生长和生殖生长不平衡在低温期,黄瓜植株长势弱,而正值结瓜的高峰期,容易出现生殖生长和营养生长的失调,出现生长点萎缩、生长停滞的症状。

解决措施:

养护好植株的根系,在低温期,加强根系的管理,多冲施腐植酸类肥料,保护好根系,促进根系的正常生长。

加强植株调整,根据植株的长势,适时疏花疏果,清除下部老叶,在减少养分消耗的同时还可以降低病害的发生。

出现花打顶症状以后,用丰收一号加云大 120 进行叶面喷施,同时用丰收一号和生根壮苗剂、爱多收进行灌根。

第六章　节能日光温室西葫芦
优质高产栽培技术

西葫芦属于美洲南瓜,又称番瓜、葫芦、菜瓜等,是我省日光温室蔬菜生产的主栽作物之一,其适应性很强,它是喜温、喜强光的速生果菜,又具有一定的耐低温、耐弱光及耐潮湿的特性,这使得西葫芦在日光温室生产中具有广阔的前景。要稳步提高日光温室西葫芦栽培效益,必须抓好以下关键技术:选用抗病品种,嫁接换根,大温差培育适龄壮苗,重施基肥,合理科学地水、肥、气、热管理,增施 CO_2 气肥,生长激素蘸花保果,利用生态和生物农药防治病虫害等。

第一节　西葫芦对环境条件的要求

一、温度

西葫芦在瓜类蔬菜中是比较耐低温的。生长发育的适温是 18～25℃。当白天温度低于 14℃ 或高于 40℃ 时生长完全停滞。但各生育期适温不一样,种子发芽的适温为 25～30℃,低于 13℃ 不发芽,高于35℃芽子弱或易烫死。开花坐果期的适宜温度是 22～25℃,低于 15℃授粉不良,瓜条生长的适温为 18～25℃,也可在夜温 6～10℃ 条件下长成大瓜。适宜土温为 15～25℃。

二、光照

低温短日照有利于雌花提早出现,着生节位低,数量增多,在坐果和果实发育方面以自然日照(11 小时/日)为最好,对日照强度的要求较严,光照充足有利于植株生长和果实发育,弱光短日照条件下植株易徒长,"化瓜"现象严重,病害极易发生。

三、水分

结瓜前灌水不宜多,膨瓜期需水量大,必须加强水分管理。空气相对湿度以45%~55%为宜,雌花开放时,若空气湿度过大,则会影响授粉,导致"化瓜"或"僵瓜"。因此,人工辅助授粉时应在早晨棚内雾气和露水消散之后进行。土壤缺水再加上空气干燥,则会造成植株萎蔫而降低产量和品质。

四、土壤及营养

应多施有机肥来培肥温室土壤肥力,适宜西葫芦生长的土壤 pH 值为 5.5~6.8,生育期若氮肥过多易引起茎叶徒长,导致落花落果及病害蔓延。故必须加强氮、磷、钾配合施肥。结瓜盛期对五要素的吸收量依次是钾、氮、钙、镁、磷。为了改善品质及增加产量,结果中后期应及时补追有机肥,配合施用生物菌肥。

第二节 优良品种及茬口安排

一、优良品种介绍

1. 早青一代 山西省农科院蔬菜所育成。株形矮小,适于密植,结瓜性能好,可同时结2~3个瓜,早期产量高。瓜长筒形,嫩瓜皮色浅绿,抗病毒能力中等。一般日光温室越冬一茬亩产量 8000~10000 公斤。

2. 阿兰番瓜 由兰州市西固区农技站育成。生长势强,株形紧凑,适宜密植。6~7节开始结瓜,坐瓜率高,瓜近圆筒形,嫩瓜皮色淡绿。早熟,一般亩产 6000 公斤以上。

3. 金皮西葫芦 是从国外引入的一种彩色蔬菜品种,瓜表皮为金黄色,肉质细嫩,在日光温室中种植生长势强,易坐果,产量在 5000 公斤左右,该品种应及时采收,否则品质及商品性降低。

二、栽培季节及茬口安排

目前,西葫芦在节能日光温室中栽培主要茬口有三个,即秋冬茬、越冬一大茬及早春茬。其茬口时间安排如下:

节能日光温室西葫芦各茬口时间安排

茬口	播种期	定植期	始收期	拉秧时间
秋冬茬	下/7～上/8	中/8～下/8	上/10～中/10	下/元～上/2
一大茬	下/8～中/9	上/10～中/10	中/11～下/11	上/4～中/4
早春茬	中/12～下/12	下/元～上/2	上/3～下/3	下/6～上/7

第三节　嫁接育苗技术

一、播种及播种后管理

1.配制营养土　肥沃田园表土、腐熟优质农家肥过筛后按 7:3 比例混合拌匀,每立方米营养土同时加入 2kg 磷酸二铵,混合均匀后消毒杀虫,另按 1:25 重量比配制五氯硝基苯(或多菌灵)药土,营养土、药土每亩共需二方。

2.苗床准备　接穗用厚 10～15cm 的砂床或营养土苗床,砧木用 8×10cm 营养钵育苗或播种在厚 15cm 的营养土苗床,播种前一天浇足底水。

3.浸种催芽　黑籽南瓜亩用种量 1kg,提前 3～4 天浸种催芽,方法同黄瓜砧木。当南瓜种子 1/3～1/2 露白后西葫芦种子进行浸种。西葫芦亩用种量 500g,浸种前将种子曝晒一天,用 10%磷酸三钠液浸泡 30～40 分钟,清水冲洗干净后再用 55～65℃热水烫种,30～35℃温水浸泡 6～8 小时后捞出,用干净纱布包起,淋干水分后置 28～30℃条

78

件下催芽,24小时种子即可露白。

4. 同期播种　选择晴天上午,砧木和接穗种子同期播种,种子间距3～4cm,药土下铺上盖,覆土厚度1.5～2.0cm,盖上地膜,增温保墒。

5. 苗床管理　播种后苗床地温保持在20℃左右,气温25～32℃。种子2/3出苗后揭去地膜,并及时通风降温、严防徒长。晴天昼温22～28℃,夜温12～16℃,早晨最低可降到12～10℃。

二、嫁接

1. 场地选择　忌光直射,温度20～25℃,相对湿度85%～90%。

2. 适宜苗态　砧木与接穗两种苗子的子叶接近展开呈"V"型。真叶未露,为靠接的最佳时机,选择下胚轴粗壮、叶色深、子叶肥厚的幼苗。

3. 嫁接方法　宜采用靠接法,方法同黄瓜。

三、嫁接苗管理

1. 温、湿度管理　前3天拱棚内昼温25℃左右,夜温17～20℃,每天喷雾加湿2～3次,空气相对湿度保持在95%以上;3天后昼温22～28℃,中午前后适当通风,夜温14～18℃;空气相对湿度80%～90%;5～6天后加大通风量,夜温降到12～16℃;8～10天后拆除拱棚,进入常规管理。

2. 光照调节　前3天要遮荫,仅在早、晚散射光照射3～4小时;3天后逐渐延长光照时间,光强高温条件下发现接穗萎蔫时遮荫;5～6天后中午前后接穗有明显萎蔫状时适当遮荫,保持散射光照射。

3. 除蘖　间隔3～4天,除去砧木上萌生的腋芽。

4. 断根　嫁接后8～10天进行试断根,成功后全部断根,断根要选阴天或晴天上午进行。断根后轻浇一水,并扶正歪苗。

5. 大温差培育壮苗　砧穗成活后地温保持在15℃以上,气温白天25℃左右,前半夜17～14℃,后半夜14～12℃,清晨12～10℃,定植前约10天严格控制水分,进行低温炼苗(营养土育苗时先栽好苗),早晨可降到 8~10℃,昼夜温差保持 15~20℃。

6. 肥水管理　当瓜苗进入正常生长后,每 5~7 天喷一次 0.1% 尿素加 0.2% 磷酸二氢钾,连喷 2 次,用营养钵育苗时,要勤喷水,保持床土见干见湿。

7. 倒苗　于嫁接苗转入正常生长后开始倒苗。把大、小苗分级,加强小苗的管理,使整床苗生长整齐。倒苗后用细土或细砂填塞住苗块间隙,并喷透水。

8. 壮苗标准　日历苗龄自根苗 30 天,嫁接苗约 35 天,砧穗子叶完好,色绿,3~4 片真叶,叶色嫩绿,株高 10~13 厘米,茎粗 0.5 厘米。生长整齐,无病虫。

第四节　定植

一、定植前准备

平整土地,浇足底水,待表土发白时,结合深耕,亩施腐熟优质农家肥(以羊粪、鸡粪、猪粪混合为好)10000 公斤,油渣 100~200 公斤,过磷酸钙 200 公斤,尿素 20 公斤,硫酸钾 30 公斤,深翻混匀。然后起垄,垄为南北走向,宽行 80cm,窄行 50cm,垄高 20~25 厘米,同时垄施磷酸二铵 30~40 公斤/亩,在垄上开定植沟。

二、定植

选择健壮幼苗于晴天上午定植,每垄两行,株距 60cm,亩栽苗 1800 株左右。按株距在定植沟内摆好苗子,使相近两行苗子呈"丁"字型,然后在定植沟内浇稳苗水,待第二天垄土松散时封定植沟,保持嫁接口距垄面 2cm 以上,根据灌水条件作暗灌沟或铺滴灌、渗灌设备。

覆盖地膜宜在下午进行,可防止伤苗。

第五节 定植后管理及采收

一、缓苗期

管理核心是保持高温,促进缓苗,白天室温保持在 25～28℃,30℃ 以上通风,晴天中午温度过高引起瓜苗萎蔫时,放花草帘遮荫,晚上室 温降到 20℃ 时覆草帘保温,夜温维持在 18～11℃ 为宜。待苗子有一片 新叶展开时缓苗结束,浇一次缓苗水,要求水量要充足。

二、缓苗至开花期

1. 温湿度管理 缓苗水后要加强通风,降低空气湿度,并降低温 度。晴天昼温 22～28℃,室温降至 20℃ 时关闭风口,降至 15～17℃ 时 盖草帘,前半夜 16～12℃,后半夜 12～10℃,揭帘前后 10～8℃,地温 稳定在 16℃ 以上,如遇阴天尽量揭帘见散射光,室内维持 14℃ 以上气 温,空气相对湿度 45%～55%。

2. 肥水管理 缓苗水后及时中耕垄沟 2～3 次,以不伤根为宜,促 根深扎,此后一般不浇水、不追肥,如土壤贫瘠,幼苗表现缺肥时,可叶 面追施 0.1% 尿素 + 0.2% 磷酸二氢钾肥液 2～3 次。

三、开花结果期管理

1. 温湿度管理 开花结果期应适当提高温度,白天 25～28℃,前 半夜保持在 15～18℃、后半夜 11～13℃,严冬季节注意白天增温蓄热 和夜间加盖帘子等进行保温。春暖后,逐渐加大通风量,外界最低气温 持续稳定在 12℃ 以上时逐渐撤去覆盖物,昼夜通风。西葫芦要求较干 燥的空气条件,空气相对湿度以 45%～55% 为好,因此为了降低日光 温室密闭条件下空气湿度,要求全面地膜覆盖,浇水后抢时间放风。

2. 光照调节 选用透光性好的 EVA 棚膜,经常清洁棚膜,室内后 墙张挂反光幕,在不影响室温的条件下尽量早揭晚盖草帘,延长见光时间,连阴天、雪天尽量揭帘见散射光。

3. 肥水管理　根瓜采收后视土壤墒情浇一次水,第二瓜膨大时随水追肥一次,一般亩施磷酸二铵20公斤,此后单株每采收2条瓜追肥一次,时间为7～10天,浇水选晴天上午进行。浇水后封闭温室升温至32℃左右,烤地2小时,促地温回升,而后通风排湿,春暖后要加大浇水量及次数,保持地面湿润,每次浇水,亩施肥量20～30公斤,各种追肥按有效氮(N)、磷(P_2O_5)、钾(K_2O)重量比1:0.6:1.3比例混合施入,或饼肥沤制液或充分腐熟的人粪尿10倍稀释液400～500公斤(可加生物菌肥),化肥和有机肥交替使用。隔10～15天叶面喷施0.2%～0.3%磷酸二氢钾或多元复合肥或稀土。

4. 保花保果　西葫芦单性结实能力差,每天上午9:30～10:30需进行人工授粉,或用2.4-D等激素蘸花。人工授粉于有雌花时进行,要求室内湿度下降,在花粉散开时,摘下始开的雄花,撕去花冠,将花粉涂抹在当日开放的雌花三裂柱头上。每朵雄花可授粉3～4朵雌花,雄花少时,需用2.4-D等生长激素蘸花,2.4-D药液浓度早春、深秋时为60～80mg/kg,深冬季节为100～150mg/kg,在上午8～10时雌花开放时,用干净小号毛笔将药液均匀涂在花冠内雌蕊柱头基部一圈,药量要适当,防止重涂,如发现化瓜或畸形瓜,及时调整药液浓度。蘸花时可在药液中加入0.1%～0.5%的速克灵可湿性粉剂可有效预防灰霉病。

5. 整枝吊蔓　矮生型品种虽然节间很短,但在生育期较长,茎蔓高度可达70～100厘米,应进行吊蔓,其方法同黄瓜。瓜苗甩蔓时即开始吊秧,老蔓过长可进行落蔓。及时除去侧枝及基部病、残、黄叶,下部老叶等的剪除要逐步进行,一次不能打掉太多,否则引起"化瓜",同时,打老叶应选晴天上午露水散去之后进行。

6. CO_2气肥　瓜苗进入坐瓜期后开始补施CO_2气肥,施用方法根据实际条件选择,施用时间在每天揭草帘后施用2小时为宜,放风前半小时要停止施肥。施用二氧化碳不要突然停止,计划终止使用二氧化碳的,应提前开始逐日减少施用浓度,直到停止,否则作物易出现早衰现象。

四、采收及保鲜贮运

早收根瓜,勤收腰瓜。当根瓜单瓜重达 100～150g 时,随即采收,第二瓜开始单瓜重 200～300g 再采收。春暖后单瓜采收标准可提高到 300～400g,运销装箱时要用专用包装箱及保鲜袋,幼瓜摘除残花、轻放。

第六节 病虫害防治

一、白粉病

主要危害叶片,也危害叶柄和茎蔓。初期病斑为圆形白色粉点,严重时遍及全株,叶片变黄干枯。

1. 生态防治 合理密植,注意通风透光,及时浇水,注意排湿。

2. 化学防治 小苏打(碳酸氢钠)500 倍液或食盐 300 倍液叶面喷施可防白粉病发生。发病初期喷洒 2% 农抗 120 或 2% 武夷菌素水剂 200 倍液;或 30% 特富灵可湿性粉剂 1500～2000 倍液,或 40% 多硫悬浮剂 500～600 倍液,或 50% 硫磺悬浮剂 250～300 倍液,或 70% 甲基托布津 1000 倍液,每 7 天一次,午前喷药,喷药量要大,喷药要均匀。

二、病毒病

主要危害叶片和果实。叶片受害后呈系统花叶或系统斑驳,重病株上部叶片皱缩呈鸡爪状,上具深绿色疱斑,果实受害导致畸形果,果面具瘤状突起而凹凸不平,病株矮小,结果少,甚至不结果。

1. 种子消毒 浸种催芽前用 10% 磷酸三钠溶液浸种 30～40 分钟,清水淘洗干净后再催芽。

2. 农业防治 清除温室内的杂草,减少病毒寄生,彻底防治蚜虫、白粉虱等虫害,消除传毒媒介,加强肥水管理,培育健株,提高抗病和耐病能力。

3. 化学防治　发病期用药选下列其中一种或交替使用。

(1)苗期:用抗毒剂一号 300~400 倍液喷雾结合灌根或 7~10 天喷一次 5mg/kg 的萘乙酸溶液,连喷 2~3 次。

(2)发病时可用下列混合药液喷雾:

五合剂:高锰酸钾(100 倍)+磷酸二氢钾(300 倍)+食用醋(100 倍)+尿素(200 倍)+红(白)糖(200 倍)。在水量一定后,按上述规定的浓度分别加入各药剂。7~10 天一遍,连喷 3 遍。发病初期喷用,第一次用药时喷洒量要大些。

菌毒清合剂:菌毒清(400 倍)+磷酸二氢钾(300 倍)+硫酸锌(500 倍),配法同五合剂。5~7 天一遍,连喷 3 遍。

另外,可用 20% 病毒 A 可湿性粉剂 500 倍液,或 1.5% 植病灵乳剂 1000 倍液,或病毒灵、番茄展叶灵、病毒王等药剂亦有较好效果。

4. 防虫　主要有白粉虱、蚜虫、红蜘蛛等。可用黄板诱杀;80% 敌敌畏每亩 0.25~0.4 公斤熏蒸;灭虱灵烟剂每亩 12~15 包熏蒸杀虫,或 25% 扑虱灵 2500 倍液,50% 蚜虱净 3000~4000 倍液。

三、灰霉病

主要危害幼瓜,病菌先侵入开败的花,长出灰褐色霉层后,再侵入瓜条,造成脐部腐烂。被害小瓜迅速变软,萎缩腐烂。病部密生灰色霉层,病花落在叶片上引起发病,产生大片枯斑,生有少量霉层。

1. 生态防治　推广滴灌,生长前期适当控制浇水,适时放风,降低湿度,减少棚顶及叶面结露或叶缘吐水,及时摘去病花、病叶、病果及黄叶,保持棚内干净,增加通风透光力,人工授粉或蘸花完后撕开花冠或摘去。

2. 烟熏防治　在发病前用 45% 百菌清烟剂熏烟或速克灵烟剂、霜疫净烟剂等熏烟。

3. 化学防治　2.4-D 等蘸花药中兑入 1‰ 速克灵,50% 农利灵可湿性粉剂 1500 倍液;或 90% 克霉灵可湿性粉剂 1000 倍液;或 65% 抗霉威可湿性粉剂 1000~1500 倍液;或 50% 扑海因可湿性粉剂 1500 倍液喷雾。

瑞士25％敌力脱＋瑞士14％杀毒矾

瑞士25％敌力脱＋法国50％扑海因

瑞士25％敌力脱＋河北0.05％绿矾

上述药液预防时，5～7天喷一次，发病时需加大药量，减少用药间隔时间，并连喷2～3次。喷药要注意喷到幼瓜上。药剂轮流交替或复配使用。

第七章 节能日光温室番茄
优质高产栽培技术

随着新型高效节能日光温室建造技术的提高,西北型节能日光温室内种植番茄,不仅可供元旦、春节市场,而且实现了周年供应。甘肃省农科院蔬菜研究所的科技人员近年研究创出了日光温室番茄落蔓一大茬栽培技术,并在武威市日光温室创造了亩产 2 万公斤、收入 3 万余元的高产、高效益典型。该项技术现已在我省大部分地区推广应用。其栽培要点是:建造采光保温性能良好的新型节能日光温室;选择抗病、果实大、商品性好的无限生长中晚熟品种;适时播种,培育壮苗,施足底肥,覆垄栽培,合理密植;适时调整植株,绑蔓落蔓,蘸花保果;适时灌水,配方施肥;深冬季节实行三段变温管理,及时防治病虫害,保证整个生育期果秧并茂、持续结果。

第一节 番茄对环境条件的要求

番茄虽为喜温性蔬菜,但其适应性较强,对土壤的选择不严,耐低温的能力也比黄瓜强,一般来说在 15~35℃ 温度范围内均可适应,在 18~21℃ 的温度下能正常生育,但落花率较高,平均温度在 24~27℃ 时,可以正常开花、受精、结果。当白天温度超过 30℃,夜温超过 25℃ 时生长缓慢,并抑制结果,当温度超过 40℃ 时生长停顿;45℃ 以上的高温,易使茎叶发生日灼,叶脉间呈灰白色,并发生坏死现象。反之在温度低于 15℃ 时生长受到影响,并影响开花,低于 10℃ 生长缓慢,呈现开花不结果;5℃ 时茎叶停止生长,一般在 -2~ -1℃ 时受冻,进行充分锻炼的幼苗在 -3℃ 左右时受冻害,生长衰弱,体内养分消耗过多时即使在 2℃时也会受冻害,当光照不足时,其生长转向营养生长。因此,在日光温室中栽培番茄要防止异常的高温或低温危害,加强光照管理是非常重要的。

第二节　茬口安排与品种选择

一、茬口安排

1. 越冬一大茬　选择前茬为非茄科蔬菜,土壤肥沃、土质好的日光温室种植番茄,8 月上中旬播种,9 月上旬定植,12 月上旬开始采收,不摘心落蔓栽培,持续结 14～18 穗果,至翌年 7 月采收结束。

2. 早春茬　11 月下旬播种育苗,次年元月下旬定植,11 月中下旬至 6 月采收。

3. 秋冬茬　7 月中下旬播种育苗,8 月中下旬定植,11 月中下旬至 2 月底采收。

二、品种选择

应选择抗病、果实商品性好的无限生长型中晚熟品种,目前适宜在我省日光温室内种植的优良品种有:

1. 佳粉 15 号　北京市农科院蔬菜中心育成,无限生长型中熟品种,果实大,扁圆,单果重 200 克以上,粉红色,商品性好,高抗叶霉、病毒病,长势中等,丰产性好。

2. 霞光　省农科院蔬菜所育成,无限生长型中晚熟品种,果实大、圆,单果重 220 克以上,果色粉红,商品性好,抗病毒病等,长势较强,丰产性好。

3. 中蔬 6 号　中国农科院蔬菜花卉研究所育成,无限生长型中晚熟品种,果实大、圆、红色,单果重 180～220 克,商品性好,抗病毒病、耐叶霉、早疫病等,长势旺、丰产性好。

4. 保冠一号　是西安秦皇种苗有限责任公司经过多年努力,精心选育出的杂交一代番茄优良品种,该品种主要特点为:高架、粉果、果大、皮厚、抗病。果实无绿肩,高圆苹果形,表面光滑发亮,基本无畸形果和裂果。单果质量 200～350g,大的可达 300～500g 果皮厚,耐贮运,货架寿命长,口感风味好。

5.加茜亚 以色列泽文公司生产,山东省种子公司引进。该品种突出的特点是植株生长旺盛、果实大,单果重 180～200 克。植株为无限生长类型。在大棚栽培中,表现抗病性强,抗枯萎病、烟草花叶病毒病、叶霉病等病害。耐低温、弱光性强。果实圆略扁,一级果率高,大小均匀,畸形果少。果实成熟后为大红色,色泽艳丽而均匀,无锈果现象发生,果肉厚而硬实,极耐贮运,常温下存放 20 天左右而不变软。特别适合越冬茬、冬夏茬和早春茬栽培,是外贸出口番茄的首选品种,一般 $667m^2$ 产 15000～20000kg。

6.多菲亚 2000 年山东省种子公司从以色列泽文公司引进。经过两年的试种,该品种为无限生长型、植株长势旺盛。果实圆形,成熟后鲜红色,大小均匀且光滑,单果重 190～210g。坐果率高,无青皮或青肩。极耐贮运,完全成熟后可在常温下存放 20 天而不变软,口感好、品质佳。抗病性强,尤其抗线虫病。适于越冬日光温室栽培,每 $667m^2$ 产量可达 10000～20000kg。

7.卓越 山东省种子公司 2000 年从以色列泽文公司引进,该品种节间更短,在加茜亚相对短的节位基础上进一步缩小,果穗更加集中。植株生长势更强,在植株生长后期,果实较大且大小均匀。高抗根线虫病,尤其适于土壤线虫病高发的大棚栽培。果实平均单果重 190～220g,并且果实颜色比加茜亚更鲜艳,口感更佳,适合越冬茬、冬春茬和早春栽培,亩产量可达 15000kg 左右。

8.秀丽 山东省种子公司引进,为目前大棚番茄的主栽品种。无限生长类型,早熟。植株生长势旺,耐低温、弱光性强,果实圆略扁,大红色、口感佳、适合鲜食。果实无青肩,色泽鲜艳,果肉厚且硬度大,极耐贮藏,常温下贮藏 20 天左右不变软,果实大小一致,整齐度高,单果重 170～190g,一级果率高,商品性极佳。抗枯萎病、烟草花叶病毒病、叶霉病等病害。适合越冬大棚秋冬茬以及早春茬和秋延迟茬等形式的

88

栽培。一般亩产 8000~15000kg。

第三节　育苗技术

一、育苗方式

常用的育苗方式有穴盘、营养钵育苗和营养土方育苗。穴盘育苗是指用有 50、72、128 孔穴塑料盘来代替营养钵,配制轻质疏松的基质来代替土壤,用营养液浇灌的无土育苗技术。这种育苗技术是目前最先进的育苗技术之一。其优点是种子用量少,育苗占地面积小,幼苗整齐一致,易管理、易消毒、易运输、易移栽、成活率极高、不缓苗等。

二、营养土配制

1. 穴盘育苗营养土的配制:非茄科园土、腐熟锯末、沪渣按 3:2:1 的比例混合,播种前 3 天拌湿,含水量 60%~70%,用手可捏成团,松开团不散,后用塑料膜密封杀菌。

2. 营养钵育苗营养土的配制:非茄科园土 7 份,腐熟的有机肥 3 份混合,再每立方混合营养土中加磷二铵 1~2kg,草木灰 15kg,拌匀后过筛。

三、苗床准备

搭荫棚,做苗床,床面高出地面 10 厘米左右,刮平床面,上覆塑料膜,待放育苗盘,或床面上整齐紧密摆放 8 厘米的营养钵,钵内装 2/3 容积的营养土,播前浇透底水,水下渗后撒 1~2 厘米厚的药土待播。

四、浸种催芽

亩需种子 30~50 克,用纱布把种子包成 3~4 个小包,放在 55℃ 的温水中浸种 10 分钟,同时不断搅动。后待水温降至 30℃ 左右时,再浸种 3 小时。捞出种包,放入 10% 磷酸三钠溶液中浸泡 20 分钟,再捞出种包,用清水反复冲洗数次后,放入 20~30℃ 温水中浸泡 4~6 小时。沥干种包、装入碗或其它容器中,上盖湿毛巾,25~30℃ 下催芽,每天掏洗种子 1~2 次,2~3 天后出芽,50%~70% 的种子露白后播种。

五、播种

将营养土装入穴盘内,刮平后,穴正中打 1~1.5 厘米深的孔,将 2~3 粒露白种子播入孔内,用营养土封孔,刮平盘面后,用地膜裹严穴盘。或将露白的种子 2~3 粒播入浇透水的营养钵内,上覆 1.5~2 厘米的营养药土,播完后覆膜。

六、苗期管理

1. 播种至出苗 播种后用草帘适当遮荫,床土温度白天应保持 25~30℃,夜间 20~25℃。出土后给予充足的光照,同时降低温度,白天 20~25℃,夜间 10~15℃,避免胚轴过度伸长而形成"高脚苗"。

2. 齐苗至分苗前 从齐苗(幼苗大部分出土时)到幼苗长到 2 片真叶这一阶段是培育壮苗的关键时期。白天可根据天气情况适当加大通风量,使温度白天保持在 20~25℃、夜间 10~15℃。

3. 分苗、炼苗 穴盘应经常浇洒营养液,营养液配方为 0.1% 尿素 + 0.2% 磷酸二氢钾,清水和营养液交替喷洒,每天洒 1~2 次。营养钵育苗床以少浇水为宜,定植前 10 天浇小水,在 5~7 天后蹲苗炼苗,苗期及时预防病虫害。营养土育苗时,要分苗需苗龄 30~40 天。

分苗的目的:一是扩大单株营养面积;二是断掉主根,促进侧根发生;三是淘汰弱苗、病苗等劣苗。

分苗应在 2 叶 1 心时进行,再晚了就要延迟花芽的分化。分苗易造成伤口,给病菌浸染以可乘之机。分苗后,会造成暂时生长停滞,使育苗期延长,所以提倡只分一次苗。

分苗的方法有两种:一种是将小苗起出后移植到新的苗床里。把移植床的床土先铲松,然后顺床的一端用手铲打挖一条深 3~4 厘米的浅沟,幼苗按株距 8~10 厘米轻贴在沟旁上,根部培些土,然后顺沟浇水,水渗后再开一条沟,同时把前一条沟填平。两条沟的距离约 8~10

厘米。一般一个 10m² 的分苗床可移苗 1000～1500 株。分苗时浇水多少根据床土湿度而定。一般掌握在浇水后很快渗下去,既不影响开下一条沟,又不至于有很多的水反润到地表上来就可以了。分苗的另一种方法是把幼苗移到纸筒或营养钵里,纸筒可用旧报纸裁成宽 10～12 厘米的纸条,卷成直径 8～10 厘米的筒,装入营养土,将小苗移完放到苗床上,然后浇水。分苗至定植前的温度、水分及光照管理同营养钵育苗。

第四节　定植及定植后的管理

一、定植

1. 定植前的准备　亩施腐熟的优质农家肥 10000 公斤,油渣 200～300 公斤,过磷酸钙 100 公斤,尿素 30 公斤。或磷二铵＋过磷酸钙＋尿素 40～60 公斤,比例为 1:1.5:1。南北向做畦,畦宽 80 厘米,沟宽 40 厘米,畦高 15 厘米左右,畦面正中开 15 厘米深的小沟。

2. 定植方法　按 33～35 厘米的株距挖定植穴,每个畦面两行,行距 40 厘米,亩定植 3200～3400 株。定植健壮无病害的苗,封穴后小沟内浇足水,4～5 天后覆膜。

二、定植后各生育期的管理

1. 缓苗期的管理　定植后 3～4 天,适当遮荫,苗不萎蔫不遮荫。白天温度为 24～27℃,夜间 12～17℃,如果地过干,开大沟灌水,及时中耕松土,防虫咬断苗,及时补苗。

2. 壮秧期的管理　壮秧期是指番茄自定植至开花坐果时的这一蹲苗时期。

(1)温度管理:白天温度为 20～25℃,前半夜 14～17℃,后半夜 13～14℃,为了保证温度适宜,应加大通风;不能用草帘遮荫的方法来降温。

（2）水肥管理:勤中耕保墒,忌多浇水,保持土壤湿度 60％～70％,蹲苗结束时土壤相对湿度不宜低于 50％;开花前一周,喷高美施或 0.2％磷酸二氢钾 1～2 次。

（3）光照管理:清洁棚膜,草帘早揭晚盖,在夜间室温不低于 10℃时,不用草帘保温。

（4）整枝打杈、绑蔓:当番茄秧长至 30 厘米时开始吊蔓,以后随着蔓的伸长呈"S"形将蔓缠绕在吊绳上,当第一侧枝长至 5～10 厘米时用单杆整枝法整枝打杈。方法是:只留主头,摘掉茎秆与叶片间所夹的全部侧枝,每隔 5 天左右整枝打杈一次。

蹲苗结束时要达到壮秧结果的目的。植株表现为茎粗、节短、叶繁茂、色深绿、花朵大、色深黄、秧果协调。蹲苗不宜太狠,否则小秧小果,早衰而后期减产。

3. 开花坐果期管理

（1）温度管理:白天 24～28℃,夜间 13～18℃。

（2）蘸花保果:用$(1.5～2)×10^{-5}$的 2.4－D 或$(3～5)×10^{-5}$的番茄灵等激素蘸花或涂抹花柄,刺激子房膨大,保证果实坐稳,蘸花激素液中应加少量红颜料,蘸当天开放的花,隔日蘸花一次,不重复蘸同一朵花。每个花序只蘸前 5 朵花,蘸花后 5 天,及时观察子房是否膨大,果实有无畸形等,以便适时调配好最佳的蘸花激素浓度。

4. 结果盛期的管理

栽培目标:促使果秧生长协调,防止生长衰弱、果实不长和发生病害。

（1）温度管理:白天 25～28℃,夜间 12～18℃。

（2）水肥管理:当第一穗果长至核桃大,由青转白时开始浇水,每亩追施尿素和磷二铵的配方肥 25～30 公斤,配方比 1∶1.5,以后看天、看地、看果实的生长及坐果情况浇水追肥,一般第一穗果采收后及时浇水追肥,亩追施尿素和磷酸二氢钾的配方肥 30 公斤,配方比 1∶1。防止第一水浇早了放秧、落花或造成"僵果",浇的太晚也形成僵果,或发生脐腐病、病毒病。保持土壤湿度为 80％～85％,调节好秧果之间营养分配的矛盾。防止土壤干旱、秧早衰、果早熟,或土壤过湿,地温低,出现黄秧。随着 1～3 穗果实数目的增多和果实长大,需水量增加,要及时浇水追肥。

(3)光照管理:清洁棚膜,及时整枝打杈,吊蔓,落蔓,在保证温度要求的条件下,草帘尽量早揭晚盖。

(4)蘸花保果、疏花疏果:隔天蘸花保果。促进果秧并长,疏除过多的花枝、畸形果、僵果,每花序只留 3～4 果。

(5)采收:果实成熟时,要及时采收。长途运输果实,1/3 果面着色时采收;供应本地市场果实,2/3 果面着色时采收。

5. 结果中期(深冬季节)的管理 这一阶段是管理的难点、重点。为达到长秧长果的目的,必须加强光照管理,促进光合作用,温度、湿度、光照、养分和水分之间要互相协调,不能单独强调某一条件。要做好如下工作。

(1)落蔓:当第一、二穗果实采收后,植株高达 1.5～2 米以上时,摘掉第二穗果以下的所有叶片,开始落蔓。落蔓宜在下午进行,落蔓时松开吊绳,相邻植株交叉换位后吊好蔓,防止折断茎蔓,动作要缓、轻,落蔓后植株高度以 1.5～1.8 米为宜,掌握南低北高的原则,勿让叶或果实着地,要及时清除落蔓上的新技,落蔓上的叶柄、果枝应清除干净,不留残枝,下落茎蔓吊悬或撑空在地面上,以免茎秆染病。

(2)温湿度管理:实行三段变温管理:上午 25～28℃,下午 25～20℃,夜间 12～18℃,当棚温升至 28℃时,开始放顶风,下午室温降至 20℃时关闭通风口,夜温低于 10℃时,应多层覆盖保温。

(3)水肥管理:落蔓后,选连续晴天浇小水,每亩随水追施尿素和磷酸二氢钾的配方肥 20 公斤,比例为 1∶2,大沟内松土开沟,施入粪稀以提高地温,增加根系微生物含量,时时增加磷肥,适量供给氮肥,以促进开花结果。

(4)光照管理:早晨九时左右,先拉开 2～3 个草帘,如果棚膜上不结冰,及时揭开草帘,当棚温降至 17～18℃时盖草帘,下雪天应揭开草帘 3～5 小时。

(5)加强保花保果:提高蘸花激素浓度,2.4－D、番茄灵的浓度分别为$(1.8～2.5)×10^{-5}$、$(4～5.5)×10^{-5}$以促进坐果。

(6)其它:及时整枝打杈,用番茄膨大剂处理顶端幼果,促进果的生长,抑制秧徒长。

6. 第二次结果盛期(春夏季节)的管理 白天 25 ~ 28℃,夜间 13~20℃,逐渐撤去草帘。当室内夜温在15℃以上时,撤去草帘,增加浇水追肥次数,7 ~ 12 天浇水一次,浇二次水,追一次肥,每亩追尿素 + 磷酸二氢钾 20 ~ 30 公斤(比例为 1.5:1),及时落蔓,调整蘸花激素浓度,2.4 – D 浓度为 $(1.5 ~ 2) \times 10^{-5}$ 为宜,清洁棚面,增强光照,揭开地角,加强通风,保持适宜的温度,降低棚内空气温度,抑制病害的发生。

第五节　病虫害防治

日光温室番茄主要的病虫是白粉虱、蚜虫、病毒病、灰霉病,是重点防治对象,应以防为主,多用烟剂,喷洒农药时要均匀喷洒在叶片正反两面和茎秆上,每次防治要喷药 2 ~ 3 次,不同药剂交替作用。

一、苗期病害

苗期主要发生的病害是立枯病、茎基腐病,立枯病症状为刚出土的幼苗及大苗茎基部变褐后,病部收缩细缢,茎叶萎蔫枯死;茎基腐病主要危害大苗或定植后的番茄基部或地下侧根,病部初呈暗褐色,后绕茎基或根茎扩展;致皮层腐烂,地上部叶片变黄,果实膨大后因养分供不应求逐渐萎蔫枯死。

防治方法:这两种病害的防治方法是适时放风,防止育苗盘或苗床高温高湿条件出现。苗期喷植宝素或 0.1% ~ 0.2% 磷酸二氢钾。育苗盘或苗床药土处理:40% 五氯硝基苯与福病美双 1:1 混合,每平方米苗床需约 8 克,加细土 4.0 ~ 4.5 公斤,拌匀,播前一次浇透底水,待水渗下后,取 1/3 药土铺在上床面上,把催好的芽和种粒播上,再把余下的2/3 药土覆在上面,定植时要注意剔除病苗,发病初期喷洒 40% 拌种双粉剂 200 倍液。

二、早疫病

苗期、成株期均可染病,主要侵害叶、茎、花、果。叶片初呈针尖大的小黑点,后发展为不断扩展的轮纹病;茎部染病,多在分枝处产生褐色至深褐色不规则圆形或椭圆形病轮纹斑,凹或不凹,表面生灰黑色霉状物;叶柄受害,生椭圆形轮纹斑,深褐色或黑色,一般不将茎包住;青果染病,始于花萼附近,初为椭圆形或不定形褐色或黑色斑,凹陷,直径10~20毫米,后期果实开裂,病部较硬,密生黑色霉层。

防治方法:(1)重点抓好生态防治。在相对湿度高达80%以上,易结露时,应调整好棚内温湿度,闷棚时间不宜过长,防止棚内湿度过大,温度过高,减缓该病发生蔓延。(2)于发病初期喷撒5%百菌清粉尘剂,每亩每次1公斤,隔9天1次,连续防治3~4次。(3)按配方施肥要求,充分施足基肥,适时追肥,喷洒植宝素7500~1500倍液。(4)发病前开始喷洒50%扑海因可湿性粉剂1000~1500倍液或75%百菌清可湿性粉剂600倍液,58%甲霜灵锰锌可湿性粉剂500倍液,64%杀毒矾可湿性粉剂500倍液,40%乙扑可湿性粉剂800倍液,上述药早用,防效佳。(5)种植耐病品种,如霞光、佳粉15号。(6)实行3年以上的大面积轮作,合理密植。(7)茎部发病除喷淋杀菌剂外,也可用50%扑海因可湿性粉剂配成180~200倍液,涂抹病部,必要时还可配成油剂,效果更好。

三、番茄灰霉病

该病可危害花、果实、叶片及茎,果实染病时,残留的柱头或花瓣大多先被浸染,后向果面或果柄扩展,初呈水浸状,浅褐色,边缘不规则,具深浅相间轮纹,后干枯,表面生有灰霉,致叶片枯死,茎染病时开始亦呈水浸状小点,后扩展为长椭圆形或长条形斑,湿度大时,病斑上长出灰褐色霉层。

防治方法:(1)加强通风,实行变温管理。即当棚温升至33℃时,开始放顶风,当棚温保持在25℃以上,中午继续放风,使下午棚温保持在25~20℃;棚温降至20℃关闭通风口,以减缓夜间棚温下降,夜间棚温保持在 15～17℃;阴天打开通风口换气。(2)浇水宜在上午进行,发病初期适当节制浇水,严防过量,每次浇水后,加强管理,防止结露。(3)发病后及时摘除病果、病叶和病枝,集中烧毁或深埋。(4)关键期用药。第一次用药在定植前用 50%速克灵可湿性粉剂 1500 倍液或 50%多菌灵可湿性粉剂 500 倍液喷淋番茄苗;第二次在蘸花时带药。做法是:第一穗果开花时,在配好的 2.4-D 或防落素或番茄灵稀释液中,加入 0.1%的 50%速克灵可湿性粉剂,进行蘸花或涂抹,使花器着药;第三次掌握在浇催果水前一天用药,浇水前后用速克灵烟剂、百菌清烟剂,烟熏王烟剂等熏棚。

四、番茄叶霉病

番茄叶霉病主要危害叶片,严重时也危害茎、花和果实。叶片染病时,叶面出现不规划形或椭圆形淡黄色褪绿斑,叶背病部初生白色霉层,后霉层变为灰褐色或黑褐色绒状,即病菌分生孢子梗和分生孢子,条件适宜时病斑正面也可长出黑霉,随病情扩展,叶片由下向上逐渐卷曲,植株呈黄褐色干枯。果实染病时,果蒂附近或果面形成黑色圆斑或不规则形斑块,硬化凹陷。嫩茎或果柄染病,症状与叶片类似。

防治方法:(1)选用抗病品种,如:佳粉 15 号、17 号、中杂 9 号等。(2)播前种子用 53℃温水浸种 30 分钟,晾干播种。(3)发病严重地区,应实行 3 年以上轮作。(4)采用生态防治法,加强棚内温湿度管理,适时密植,及时整枝打杈,按配方施肥,避免氮肥过多。(5)发病初期用 45%百菌清烟剂每亩每次 250～300 克,熏一夜或于傍晚喷撒 7%叶霉净粉尘剂。(6)用五四〇六菌种粉、五四〇六 3 号剂、2%武夷霉菌素、50%多硫悬乳剂、60%防霉宝超微粉等防治。

五、病毒病

常见的有三种类型。

花叶型:叶片上出现黄绿相间或深浅相间斑驳,叶脉透明,叶略有皱缩的不正常现象。

蕨叶型:植株不同程度矮化,由上部叶片开始全部或部分变成线状,中下部叶片向上卷,花冠加长增长,形成巨花。

条斑型:可发生在叶、茎、果上,病斑形状因发生部位不同而异,在叶片上为茶褐色的斑点或去斑,在茎蔓上黑褐色斑块,变色部分仅处在表层组织,不深入茎、果内部。

防治方法:选用抗病品种,实行2年以上轮作,发病初期喷1.5%植病灵乳剂1000倍或20%病毒A可湿性粉剂500倍液或毒剂200~300倍液,早期防蚜。

六、虫害防治

蚜虫、白粉虱、斑潜蝇、红蜘蛛的防治方法是消除残枝、杂草,选用抗虫品种,通风口覆盖防虫网,用敌敌畏、天王星、虫螨克、风雷激等喷杀或灭虱烟熏棚。

第六节　日光温室早春茬
番茄丰产栽培技术要点

11月下旬育苗,次年元月下旬定植,适宜的品种有佳粉15号、95-B5、中杂9号、毛粉802等;育苗苗床扣小拱棚,用穴盘育苗,其优点是省地、省工、易管理、苗好、成活率高;苗期管理的重点是加强光照,注意夜间保温,白天20~25℃,夜间10~15℃;定植前一周要蹲苗、炼苗;定植前7~10天,施足基肥,做好畦,覆上膜;选连续晴天按35~41厘米株距定植,定植时点足窝水,缓苗一周后浇缓苗水,壮秧期白天24~28℃,夜间12~15℃,认真清洁棚膜,及时整枝打杈,吊蔓、绑蔓,用2.4-D、番茄灵蘸花是关键技术,浓度分别为$(1.5\sim2.0)\times10^{-5}$、$(3.0\sim5.0)\times10^{-5}$,前期浓度高,后期浓度稍低,蘸花3~5天后及时观察子房膨大与畸形果情况,及时准确调配好蘸花浓度,当第一穗果长至如鸡蛋大、第二穗果已坐稳、第三穗花快开时浇第一水,并追施配方肥,从这一时期开始,加强早春茬番茄的管理,促进早熟、丰产。每株留6~8穗果后,尽早打头;果实临近成熟时适当控水、控肥,提高夜温,早春茬番茄常发生早疫、叶霉病,只要在管理上加强光照,地角和顶窗口同时通风排湿,浇水前后用百菌清、烟熏王熏棚1~2次,可防治这两种病害的发生。

第七节 日光温室秋冬茬 番茄丰产栽培技术要点

秋冬茬番茄育苗正值高温多雨时期,定植后日照越来越差,温度越来越低,与正常的露地生产条件刚好相反,因此在栽培上需独特的技术要求。培育无毒适龄壮苗是秋冬茬番茄栽培成功的关键,高温、多雨、强光、虫害、干旱及伤根等,都是诱发病害发生和蔓延的重要因素。因此,育苗期间必须做到"六防",即:防强光、防雨淋、防干旱、防高温、防蚜虫、防伤根。

育苗营养土进行药剂处理,方法是取配好的营养土1/4,用75%百菌清800倍液与瑞毒霉600倍液的混合液均匀喷湿,后用地膜或旧塑料密封。播种前半天浇透底水,待水下渗后营养钵内覆盖2厘米左右厚的药土。播种时,将露白的种子2~3粒播入营养钵内,上覆1.5~2厘米厚的药土,播完后覆膜,或将营养土装入穴盘内,刮平后,穴正中打1.5厘米深的孔,将2~3粒露天种子播入孔内,用药土封孔,刮平盘面后,用地膜裹严穴盘。播种及播种后,适当遮荫,保证出苗时温度白天保持在25~30℃,出苗后白天温度保持在20~25℃,及时防虫,对病毒病、立枯病等每隔7~10天预防一次。定植株距30~33厘米,亩定植3400~3700株,定植健壮无病的苗,封穴后浇足水,5~7天后覆膜,9月中旬扣棚膜。

每穗果只保留4~5果,其余花枝疏除,盛果期以后,摘掉基部的病叶、黄叶,主茎4~6花序上2片叶处摘心,掌握稍早勿晚的原则。前期加强对病虫害的防治,其它栽培技术同越冬一大茬。

第八章　日光温室茄子嫁接栽培技术

一、茬口安排

采用越冬茬栽培,一般于6月上旬至7月上旬播种育苗,8月上旬至9月上旬嫁接,8月下旬至9月下旬定植,11月开始采收,至翌年5、6月份拉秧。

二、品种选择

1.嫁接砧木品种的选择　目前生产上常采用根系发达,生长势强,节间较长,茎叶有刺,对黄萎病、枯萎病、青枯病、根结线虫高抗或免疫,耐高温、干旱、高湿的托鲁巴姆和CRP(又名金理1号)作嫁接砧木。

2.接穗品种的选择　选用生长势较强,早熟丰产,果皮紫色,肉质鲜嫩的圆茄品种二苠茄、快圆茄等,长茄品种兰杂二号、济杂一号等。

三、嫁接育苗

1.砧木、接穗适宜播种期　一般托鲁巴姆需比接穗提前30~35天播种,CRP提前20~25天播种,在高温季节取下限,低温季节取上限。

2.砧木种子浸种、催芽及播种

(1)浸种　首先将种子在强光下晾晒6~8小时,种子消毒时用0.1%多菌灵溶液浸种1小时,捞出漂洗干净,进行温烫浸种;用55℃热水烫种30分钟,不断搅拌至温度降到25~30℃时,停止搅拌浸种8小时,洗净种皮上的黏液,用干净纱布包起催芽。为了提高托鲁巴姆的发芽率,可在种子消毒后,用$(1\sim2)\times10^{-4}$赤霉素在20~30℃的条件

99

下浸泡 24 小时,再进行温烫浸种。

(2)催芽 每天将种子放在 25～30℃ 条件下控制 16～18 小时,16～20℃ 控制 6～8 小时的变温催芽,早晚用温水淘洗一次。10 天左右种子露白后即可播种。

(3)播种 将未种过茄科作物的田园土 6 份与充分腐熟的有机肥 4 份过筛后混合均匀,每方加入 0.5 公斤磷二铵和 0.5 公斤尿素配成营养土,然后把营养土铺成 10 厘米厚的播种苗床,为了防治猝倒病和立枯病,用 50% 多菌灵 500 倍液或 32% 苗菌敌 500 倍液喷洒床土。播种时浸透底水,均匀播种,上盖 0.5cm 厚细土,覆盖地膜,温度保持 28～30℃,3～5 天就会出苗,苗齐后去掉地膜。

3.接穗种子浸种、催芽及播种

(1)浸种 先将种子在阳光下曝晒 6 小时,再用 1% 高锰酸钾溶液浸泡 30 分钟,用水洗净,用 55℃ 温水浸种 15 分钟,待降温至 30℃ 后浸泡 8 小时,用细砂搓去种子表面黏液,用 2 份细砂拌 1 份种子后再催芽。

(2)催芽 采用变温催芽法,每天 28～30℃ 温度 16 小时,20℃ 左右 8 小时,如此反复,并每天搅拌 1～2 次,5～7 天即可出齐,芽长 1～2 毫米播种。

(3)播种 播种方法与砧木播种方法相同。

4.苗床管理 当砧木和茄子出苗后,白天保持在 20～25℃,夜间 15～17℃,土温 20℃ 以上,晴天中午温度过高时适当遮荫降温。幼苗期一般不浇水,若过干时可少量喷水,若过湿可撒少量干营养土。

5.砧木分苗 砧木出苗后 20～30 天,具有 3～4 片真叶时进行分苗移栽,将苗移栽在营养钵内。首先将如上配制好的营养土装入 10×10 厘米大小的营养钵内,用 50% 多菌灵 500 倍液或 32% 苗菌敌 500 倍液喷洒消毒,然后将苗床上的砧木苗移栽到营养钵内,灌水后放入小拱棚中,进行缓苗。

6.茄子分苗 当茄苗长到 2～3 片真叶时进行分苗,将苗移栽到分苗床上,方法同茄子播种床,株行距保持 8～10 厘米。

7.嫁接 分苗后一月,当砧木长到 7～8 片真叶,接穗长到 6～7

片真叶,茎秆半木质化,茎粗3～5毫米时开始嫁接。常用劈接法。先将砧木保留2片真叶,在第二至第三片真叶间用刀水平横切砧木茎,去掉上部茎叶,再从砧木茎中间垂直下劈1.0～1.5厘米,从苗床上轻轻拔出接穗苗,保留上部2～3片真叶后,用刀片由上向下在茎两侧斜切成楔形,斜面长1.0～1.5厘米,将削好的接穗插入砧木接口,使砧穗形成层互相对准,用嫁接夹在接口处固定,浇水后将苗排放在苗床内靠紧,搭设小拱棚,最后从底部溜灌一个水封棚。

8．嫁接苗的管理　前5～6天需保持较高温湿度,白天25～28℃,夜间20～22℃,空气相对湿度95%以上,促进接口愈合,通过盖帘、封棚和调节小拱棚外大温室的温度、光照等,严防直射强光、高温、干燥缺水而引起嫁接苗萎蔫。6～7天后,早晚和阴天见光,适当通风降低温湿度。若缺水,采用溜灌法灌水,10天后逐步揭去小拱棚棚膜,及时摘除砧木萌芽,转入正常管理,当嫁接苗长到5～6片真叶时即可定植。

四、定植及定植后的管理

1．定植前的准备

(1)温室消毒　前茬作物最好是非茄科作物,前作物收获后对温室进行彻底消毒,一般按温室空间每立方米用硫磺粉5克＋0.1克80%敌敌畏＋8克锯末,混匀后点燃熏烟密封一昼夜,再打开通风口进行大放风,两天后进行农事活动。

(2)整地施肥　日光温室茄子生育期较长,基肥量要求充足,一般亩施优质农家肥1万公斤,油渣300公斤,尿素20公斤,磷二铵30公斤,硫酸钾10公斤作基肥,施入后深翻耙平。温室内以南北向起垄,宽行70厘米,窄行50厘米,垄高15厘米,株距长茄为35厘米,圆茄为40厘米,亩保苗2600～3200株。

2．定植　定植在晴天上午进行,先在宽垄上开5～6厘米深的双行定植沟,沟距45厘米,然后按株距将苗摆入沟中,再浇水待水渗下后第二天封沟培垄,垄面可超过坨面,但必须保证嫁接口离地面3厘米以上,第3～4天后中午宽垄覆盖地膜,定植后在宽垄中间留20～30厘米的暗沟。

3.定植后的管理

(1)温度 为了缓苗保持土壤湿润,定植后1～2天晴天温度过高时,放花帘遮荫防萎蔫,缓苗后温度保持25～30℃,当超过30℃时应适当放风,下午温度28～30℃,低于25℃时关闭风口,保持白天20℃以上,夜间15～20℃。早晨拉帘前保持10～13℃,最低不可低于8℃。因此在管理上应多加草帘少放风,严冬季节短时间出现了35℃高温不放风,以利蓄热保温。

(2)光照 茄子对光照要求比较严格,如光照不足易引起落花落果,且着色不良,为此要经常保持棚膜干净,以利透光。可使用白色或紫色醋酸乙烯无滴膜,改善着色条件。还可在后墙上张挂反光幕(镀铝膜)增加温室后部光照,利于茄子背面着色。

(3)水肥管理 茄子定植后4～5天在膜下浇足缓苗水,至门茄瞪眼前一般不再浇水。门茄瞪眼时开始浇水追肥,每隔15天在膜下灌一次水,每次随水追施尿素10～15公斤,磷二铵5～10公斤,硫酸钾7～10公斤。至3月份以后,每隔7～10天浇水追肥一次。

(4)植株调整 茄子植株多采用双秆整枝,将门茄下第一侧枝保留,形成双秆,打去角度较为开张的枝条,及时摘除病、老叶及砧木萌发出的新侧枝,适时采用塑料绳吊秧防倒伏。

(5)化学控制 低温季节为保证坐果,防止落花和僵果的产生,在开花的当天或次日用20～30ppm的2.4-D涂抹在花萼和花柄上,也可用40～50ppm防落素喷花,在药水中加入黄色广告色作为标记,避免重复使用形成畸形果,同时在每公斤药水中加入1克速克灵或农利灵,兼防灰霉病。一般蘸花浓度在春秋温度较高时用下限,深冬温度较低时用上限。

4.病害防治

(1)茄子褐纹病 幼苗染病,茎基部出现褐色凹陷斑;叶片初生苍白色小点,扩大后呈近圆形至多角形斑,边缘深褐,中央浅褐或灰白,有轮纹,上生大量黑点;茎部染病,病斑梭形,边缘深紫褐色,中间灰白色,上生许多深褐色小点,病斑多时连结成几厘米的坏死区。病部组织干腐、皮层脱落,露出木质部,容易折断;果实染病,产生褐色圆形凹陷斑,上生许多黑色小粒点,排列成轮纹状,病斑不断扩大,可达整个果实,病果后期落地软腐,或留在枝秆上,呈干腐状僵果。

防治方法:

①实行 2～3 年以上轮作。②选用抗病品种。一般长茄较圆茄抗病。③加强栽培管理培育壮苗。④药剂防治。发病初喷 40％甲霜铜可湿性粉剂 600 倍液,58％甲霜灵锰锌可湿性粉剂 500 倍液,64％杀毒矾可湿性粉剂 500 倍液,70％乙锰可湿性粉剂 500 倍液,每隔 7～10 天喷一次,连续 2～3 次。

(2)茄子免疫病 近地表果实先发病,受害果初呈水浸状圆形斑点,稍凹陷,果肉变黑褐色腐烂,易脱落,湿度大时,病部表面长出白色棉絮状菌丝,迅速扩展,病果落地很快腐烂;茎部染病初呈水浸状,后变暗绿色或紫褐色,病部缢缩,其上部枝叶萎垂,湿度大时上生稀疏白霉,叶片被害,呈不规则或近圆形水浸状淡褐色至褐色病斑,有明显的轮纹,潮湿时病斑上生稀疏白霉。

防治方法:

①实行轮作,施足优质腐熟有机肥。采用高垄栽培。②及时中耕、整枝、摘除病果、病叶。③发病初期喷洒 70％乙磷铝锰锌可湿性粉剂 500 倍液、58％甲霜灵锰锌 400 倍液,72.2％普力克水剂 700 倍液,14％络氨铜水剂 300 倍液,每 5～10 天喷 1 次,连喷 2～3 次,同时要注意喷药保护果实。

(3)茄子早疫病 主要危害叶片,病斑圆形或近圆形、边缘褐色,中部灰白色,具同心轮纹,湿度大时,病部长出微细的灰黑色霉状物,后期病斑中部脆裂,严重的病叶早期脱落。

防治方法:

①清除田间病残体,实行 3 年以上轮作。②种子消毒,用 55℃温水浸种 15 分钟后,移入冷水中,再进行浸种催芽。③发病初喷洒 58％甲霜灵锰锌可湿性粉剂 500 倍液,64％杀毒矾可湿性粉剂 400 倍液,50％克菌丹可湿性粉剂 400 倍液。

(4)茄子青枯病 发病初期仅个别枝上一片或几片叶色变淡,呈局部萎垂,后扩展到整株,后期病叶变褐枯焦,病茎外部变化不明显,如剖开病茎基部,木质部变褐色,用手挤压病茎横切面,有少量乳白色黏液溢出。

防治方法:①实行 4 年以上轮作。②及时拔除病株,防止病害蔓延。③发病初用 72%农用硫酸链霉素 4000 倍液,77%可杀得可湿性粉剂 500 倍液,50%DT 可湿性粉剂 500 倍液,每株灌兑好的药液 0.5 升,隔 10 天 1 次,连续 3~4 次。

五、采收

门茄应适时早采,以免影响上部生长和结果。以后的茄子果实达到商品成熟时采收,即看到萼片与果实相连处的环纹带不明显或消失时,表现果实已停止膨大,此时采收产量和品质俱佳,采收时间以早晨露水干后或傍晚为好,用剪子剪断果柄,轻轻放入筐箱内,防止擦伤。

第九章　节能日光温室辣椒
优质高产栽培技术

辣椒是一种重要的蔬菜和调味品,富含胡萝卜素和维生素,具有很高的营养价值,深受消费者喜爱,日光温室栽培辣椒,主要利用设施优势,解决北方地区冬季早春的鲜青椒供应,早春茬辣椒一般是接秋冬茬的黄瓜、番瓜、西瓜或叶菜,育苗期处在冬季寒冷季节,定植后外界气温已开始回升,温、光条件对辣椒生育有利,采收期比大中棚辣椒早,前期产量也高。根据辣椒植株的长势,市场需要情况,可延迟采收到立秋前,也可连秋生产,延迟到新年后拔秧,所以容易获得高产值、高效益。

第一节　早春茬辣椒栽培技术

一、茬口安排

日光温室辣椒,要注意避开早春塑料大棚和露地栽培的大量采收供应期,淡季上市是其茬口安排的基本原则,不同茬次育苗时间可参照下表进行。

育苗茬次时间

茬次	播种期	苗龄(天)	定植期	采收供应期
早春茬	下/10~上/11	90~100	下/1~上/2	下/3~下/6
越冬茬	下/8~上/9	50~60	中/10~上/11	上/12~下/6

二、品种选择

1. 陇椒 2 号　是甘肃省农科院蔬菜所选育的杂种一代品种,早熟,长势强,果羊角形,果长 25 厘米,果宽 3 厘米,果面皱,味辣,抗病毒病,亩产 4000 公斤左右。是日光温室及塑料大棚主栽品种。

2. 佳木斯　是甘肃靖远县地方品种,株形紧凑,果羊角形,嫩果淡绿,果面光滑,味辣,耐贮运,亩产 2500 公斤,是白银靖远一带日光温室及塑料大棚主栽品种。

3. 陇椒 1 号　是甘肃省农科院蔬菜所最新选育的杂一代品种,1997 年通过甘肃省农作物品种审定委员会审定。果实羊角形、果长 23 厘米、果宽 2.5 厘米、果大、肉厚、果皮光滑、味辣、品质好。低温弱光下落花落果少,单株结果数多,抗病毒病、耐疫病。该品种长势强旺,分枝性极好,要适当稀植,一般亩产可达 4000 公斤以上。

4. 新组合 B28　是甘肃农科院蔬菜所选育的杂种一代品种,丰产,早熟,抗病,果实羊角形,果色绿,平均果长 22 厘米、果宽 2.5 厘米,果实发育速度快,耐疫病,耐寒性好,适宜日光温室栽培。

三、栽培技术

1. 育苗技术

(1)营养土的配制:选肥沃未种过茄科作物的田园土,加入 20%～30% 充分腐熟并过筛的厩肥混匀,用多菌灵按 15～20 克/立方米消毒备用。

(2)卷纸钵:用无盖铁铜(直径 10 厘米,高 10 厘米)和废报纸条(宽 20 厘米,长 50 厘米)卷纸筒装入营养土后摆平,做成苗床,播种前一天浇大水,渗透营养土。

(3)种子处理:首先用 10% 磷酸三钠溶液浸种 20 分钟,然后用清水冲洗干净,再将种子放入 55℃ 水中搅拌,15 分钟后加凉水使水温降到 30℃,而后浸种 8～12 小时。

(4)催芽:浸种结束后,将种子淘洗干净,用湿毛巾包好放于 25～30℃ 温箱中催芽,每天淘洗种子 1～2 次,4～5 天后即发芽,待 70% 种子露白后即可播种。

(5)播种:辣椒种子千粒重5~7克,每亩播种量150克,将发芽种子按每穴3~5粒点播于纸钵内,播后盖营养土约1厘米厚,覆地膜保持湿度。当子叶展平后,间留双苗,间苗后覆土护根。

2. 幼苗管理

(1)温度:根据天气温度变化和幼苗生长阶段,适当变温管理,夜间地温要保持在18~20℃,白天气温不得超过30℃,下午气温降到20℃时要覆盖草帘。具体温度管理可参考下表。

管理时间	昼温	夜温
播种后	25~30℃	18~20℃
出苗后	20~25℃	18℃
分苗后	28~30℃	18~20℃
缓苗后	20~25℃	18~20℃
定植前7天	20℃	18℃

(2)水分:辣椒在苗期一般不需灌水,缓苗期可以根据土壤墒情灌1~2次水后进行蹲苗,由于浇水会引起地温下降,妨碍根系正常生长,因此要少浇水,多覆土。在整个苗期管理当中,要注意保水比浇水更重要。

3. 定植

定植前要整地施基肥,每亩施入腐熟农家肥6000~10000公斤,复合肥20公斤,深翻细耙,使肥料和土壤充分混合。定植前10天要覆盖棚膜,提高地温。按照大行距80厘米,小行距50厘米起垄,即垄宽80厘米,沟宽50厘米,垄高20~25厘米,在垄上定植两行,按40~45厘米的穴距掏土栽苗,每穴2株。每亩定植5000~6000株。

4. 定植后管理

(1)温度 日光温室早春茬辣椒定植后外界温度尚低,必须注意增温保温,密闭不放风,在高温条件下,促进缓苗,一周内保持28~30℃,缓苗后降至25~28℃,超过30℃时在温室顶部扒缝放风,早春后,随着大气转暖逐渐加大通风量,防止高温高湿出现,避免植株徒长和病害流行。门椒坐果后,要适当提高夜温,促进植株生殖生长,防止落花落果。

(2)水肥管理 定植、浇足水后,一般在门椒坐果前不需浇水。但缓苗后,如果土壤水分不足,可浇一次缓苗水,通过膜下的暗沟浇水,一般每亩追施尿素 15 公斤,磷酸二铵 20 公斤,进入盛果期再追施尿素 15 公斤,磷酸二铵 20 公斤,进入盛果期再追肥 2~3 次,中后期要适当施入鸡粪等有机肥,对增加产量十分有利,浇水次数和浇水量应视土壤墒情和植株长势而定,辣椒总需水量虽然不大,但必须保持土壤湿润,进入夏季,由于高温和大通风,蒸发量增加,浇水宜勤,需要明暗沟同时进行浇水和追肥。

(3)植株调整

牵引枝条:门椒开花前,在定植穴上方拉 3 道南北向的铁丝。铁丝高度一般为 1.5~1.8 米,用尼龙线分别系于两主枝三至四个分枝点处,上边系在左右 2 根铁丝上。牵引的角度要视植株长势而定,植株旺时,可放松些,把主枝生长点向外侧稍微弯曲,因结果而造成生长势衰弱的枝条,可用绳缠绕着稍提起,以助长树势。

修剪整枝:在门椒以下各叶间长出的腋芽,要及时抹去,如果腋芽萌发枝,可将其摘心处理。对一些老叶、病叶及时摘除。辣椒忌讳枝条重叠,前期要剪除拥挤枝条,以防止直立生长,3 月中下旬后常发出大量枝条,造成内部拥挤,要疏剪弱枝、徒长枝。如果进行秋延后栽培的,可于立秋前 15 天将第四层以上枝条全部剪除,培养新梢。

四、采收

门椒要适当早摘,以防坠秧,前期果实要使果实长到最大限度,果肉增厚,另外辣椒枝条很脆,采收要注意防止折断枝条。中后期因管理不当而出现的僵果、尖果、红果要及时采收。

五、病虫害防治

1. 辣椒疫病 疫病是辣椒的重要病害,近年来发生普遍,从幼苗到结果期均可发生。幼苗发病,胚轴呈水渍状、褐色,近地面胚轴变细,倒地后很快腐烂。稍大的秧苗受害后茎部呈水渍状,变褐软腐,只浸染表皮不侵染髓部,叶片枯死。成株发病初期,叶产生水渍状圆形暗绿色斑点。病斑很快扩展,病叶干燥后变褐色脱落,严重时整株落叶,茎部受害产生水渍状病斑,扩展后的大斑块可达 7～10 厘米,后期病部变黑褐色,皮层软化腐烂。病叶以上的茎叶枯死,湿度大时产生白色霉层。

一般空气湿度大、温度高、通风差、连作条件下发病比较严重。如果有漏雨的地方,首先发病,形成发病中心,向四周蔓延。最好选用无病种子,培育适龄壮苗,高垄定植,覆盖地膜,采取膜下暗灌,按照辣椒不同生育阶段控制温度,避免高温高湿的条件。定植前用 25% 瑞毒霉或 75% 甲霜灵 800 倍液,5～7 天灌一次根,定植后用 65% 代森锰锌等以 600 倍喷雾加以保护。发病初期用 64% 杀毒矾,75% 百菌清 800 倍液,每隔 6～7 天喷一次,并结合灌根,每根灌药液 0.5 公斤。

2. 灰霉病　日光温室辣椒栽培,灰霉病发生普遍,危害比较严重,从幼苗到结果期均能受害,幼茎受害部分缢缩变细,常折倒而死,茎上发病,变褐至灰白色,潮湿时表面长有灰色霉状物。后期在被害的果、花托、果柄上也长出灰色霉状物。

灰霉病适宜的发病温度为 23℃,相对湿度为 95%,最容易导致发病的条件是高湿。防治主要是控制相对湿度不高于 75%,发病初期可用 50% 速克灵可湿性粉剂 1500～2000 倍液,每隔 5～7 天喷一次,连续喷 3～4 次。

3. 白粉病　白粉病发生初期,只在叶片正面产生褪绿小黄斑点,逐渐成为边缘不明显的较大块淡黄色斑块,并出现白色粉状物。严重时整个辣椒叶片全部染病,叶片易脱落。

白粉病浸染要一定的空气湿度,而空气干燥,气温在 25～28℃ 时,白粉病易流行。发病初期用 50% 多硫胶悬剂 300～400 倍、15% 粉锈宁 800～1000 倍液喷防。

第二节　越冬茬辣椒栽培技术

越冬茬主要是解决秋冬茬生产基本结束后到翌年夏季之间的正常

供应,一般是 9 月上旬开始育苗,苗龄 50~60 天,定植后 40~50 天开始采收,直到翌年 6~7 月份结束。

适宜越冬茬栽培的主要品种有陇椒 1 号、佳木斯、沈椒 4 号、陇椒 2 号等,原则上要求品种产量要高,耐低温寡照,抗病性好。

一、培育壮苗

由于育苗期还处在高温多雨季节,育苗场地应选高燥地块,播后用塑料薄膜搭棚,起到防雨、遮荫效果。两片真叶时,要间苗一次,每纸钵内留 2 株。

二、整地、施肥、定植

定植前先打好垄,在温室内以南北做垄为好。垄宽 80 厘米,垄距 50 厘米,定植前把底肥一次施足,每亩施农家肥 5000 公斤,有条件的还可施用预先配制好的鸡粪、过磷酸钙,每坨 150 克,每亩用 800 公斤鸡粪和 50~80 公斤过磷酸钙混合均匀,充分腐熟后施用。穴距 40~45 厘米,每穴 2 棵,每亩定植 5000~6000 株。

三、肥水管理

定植时浇透定植水,3~4 天后再浇一次缓苗水,在第一层椒果膨大时应追肥,每亩可追硫酸铵 20 公斤,追肥后要注意灌水。浇水后要及时中耕。

四、生长期管理

早霜降临之前及时盖好塑料薄膜,初期昼夜通风,白天保持 25~30℃,夜间 15℃以上,当气温急剧下降后要注意保温,白天中午短期通风外,夜间一般不要通风。霜冻天气要注意防寒,尽量维持辣椒在适宜温度条件下生长。因为辣椒在 8~10℃条件下已不能开花,所以当温室内温度低于 10℃时对果实生长不利,要采取一定的保温措施,确保植株顺利越冬。春节过后外界温度逐渐回升时,要加强管理,追肥浇水促秧。此后辣椒一直可以延后采收到 6~7 月份。

五、植株整理

随着植株的生长应及时将分杈以下的枯黄叶片、以及这些叶腋上发出的侧芽全部摘除。剪掉内膛徒长枝和过旺枝条,改善通风透光条件。

第十章　节能日光温室
优质西瓜栽培技术

西瓜在我国已有千余年的栽培历史,其味甘美可口,营养丰富,为夏季的主要消暑果品,但在我国北方有霜冻的地区,供果期只限于夏季且时间短,近年来经过几年的实践,利用日光温室进行西瓜反季节多茬栽培,使西瓜周年供应上市,既满足了市场需求,又调整了种植结构,其经济效益和社会效益也颇为可观。目前,不仅从栽培技术上已经完全成熟,而且其规模也呈扩大趋势,正确引导农户,积极开拓市场,种植反季节优质西瓜的前景是十分广阔的。

第一节　西瓜的生物学特性

一、对环境条件的要求

1. 土壤　西瓜根系具有好气性,喜欢通透性良好的土壤条件,以砂质土或壤土为最好。特别是日光温室栽培早,砂质土升温快,容易形成较大的昼夜温差,有利于早熟和提高品质。但砂质土肥力差,保肥保水能力不强,容易出现植株早衰和裂果现象。黏质壤土保肥水能力强,只要注意深翻和增施有机肥,更容易获得优质高产。适合西瓜生长的土壤 pH 值是 5~7。在轻度盐碱地上种植西瓜,管理得当时品质会更好些。

2. 温度　西瓜原产热带,属于喜温耐热的作物,在整个生育过程中都要求有较好的温度条件。西瓜生育的最低温度是 10℃ ,最高 44℃ ,最适 30℃ 。种子发芽的最适温度是 28~30℃ ,幼苗生长的最适

温度是 22~25℃,伸蔓期最适温度是 25~28℃,结果期最适温度是 30
~35℃。13℃以下茎叶不能正常生长,根系生长的最低温度是 10℃,
最高 38℃,最适 28~30℃。西瓜整个生育期所需的积温是 2500~
3000℃,其中从雌花开放到果实成熟所需的积温为 800 至 1000℃,品
种熟性不同有异。昼夜温差大小对瓜体的发育和糖分的转化、积累有
明显的影响。昼夜温差大,植株干物质积累和瓜瓤含糖量高,反之则
低。

在西瓜温室保护地栽培中,搞好温度调节,使温度适于西瓜生育期
的需求,是促进苗壮早发,植株健壮生长,早结瓜,达到高产优质的重要
措施之一。

3.光照 西瓜是喜光作物,光饱和点为 8 万 lx,光补偿点为 0.4
万 lx,一般品种都要求有 10~12 小时的日照时间。光照充足时,植株
生长健壮,病害少,光照不足时,茎蔓细弱,易徒长,抗病性差,开花结果
期如遇连阴天,雌花不能正常开花,落花落果,果实不能正常膨大,果瓤
着色不良。成熟期若遇连阴天,品质会显著下降。

4.湿度 西瓜喜干燥,怕潮湿,空气相对湿度在 50%以下比较适
宜。日光温室的高湿条件常常给西瓜的生产带来很多不利影响,必须
采取地膜覆盖、膜下灌溉、通风排湿等相应措施加以克服。

5.肥料 西瓜需肥量大,尤其对钾肥需求量较多,氮、磷、钾肥的
最佳供应比例是 1∶0.25∶1.2。西瓜在生育前半期吸收氮肥最多,钾肥
次之;在坐住瓜后吸收钾素最多,氮素次之。在苗期对磷素的吸收量虽
然很少,但对瓜苗的生长发育和花芽分化及雌花形成至关重要。因此
西瓜施肥要以底肥为主,追肥为辅;底肥应以有机肥为主,化肥为辅,要
尽量多用饼肥。在果实迅速膨大期,追用速效化肥也是不可忽视的。

二、开花结瓜习性

早熟品种在主蔓 6~8 节出现第一朵雌花,以后每隔 7~8 节再出
现雌花。主蔓上第一朵雌花开花结果早,但瓜一般较小,而且易发生畸
形,第三个瓜个头大,但晚熟,和日光温室的栽培目的不一致。所以生
产一般多选留第二个瓜。日光温室种植西瓜必须进行人工辅助授粉,

否则很难坐住瓜。西瓜花一般在早晨 5～9 时开放,6～9 时的花粉最多,生命力也最强,人工授粉应在这一时段里完成。

第二节　栽培技术

一、品种选择

日光温室早熟栽培的西瓜品种应选用雌花节位低,雌花率高,雌花开放到果实成熟 30 天左右;较耐低温弱光;生长稳健,主蔓结瓜能力强;对采收或成熟度要求不太严格的品种。品种介绍如下:

1．美丽　果实圆形,果皮绿色,果肉红色,肉质脆沙多汁,中心含糖量 10.5% 左右,单瓜重 5kg,果皮硬韧,不易裂果,较耐运输。

2．金夏美　果实圆形,果皮绿色,果肉黄色,汁多味甜,中心含糖量 10.8% 左右,单瓜重 4kg。

3．京欣 1 号　杂一代品种,植株生长势较弱,主蔓 8～10 节出现第一雌花。果实圆形,底色绿,上有 16～17 条明显深绿条纹,肉色桃红,肉质脆沙多汁,果皮厚约 1 厘米,平均单瓜重 3～4kg,含糖量 11%～12%。果皮薄,易裂果,不耐运输。

4．陇金兰　果实圆球形,果皮底色翠绿,上覆有 15 条左右黑绿色条带,外表光洁美观,平均单瓜重 2～3kg。果实深黄色,中心含糖量 12% 左右,口感细嫩,汁多味甜。不耐运输。

5．陇冠　果实短椭圆形,果皮底色浅黄,上布 15 条左右深黄色窄齿条带,外表光洁美观,平均单瓜重 3kg 左右。果肉深红色,口感脆嫩,汁多味甜。果皮硬韧,较耐运输。

6．红小玉　长势强,可连续坐果,每株结瓜 3～5 个。单瓜重 2kg 左右,果皮具漂亮条纹,皮薄,果肉红色,可溶性固形物含量 13% 以上,籽少,为高档礼品瓜。

7．黄小玉 H　果实圆形,单瓜重 2kg 左右,皮厚仅 3mm,不易裂果,果肉金黄色略深,可溶性固形物含量 12%～13%,纤维少,籽少。

114

抗病性强,易坐果,极早熟,26天左右成熟。

8. 金福　中小果形,极早熟品种,单瓜重 2.5kg 左右,果皮黄色,肉红色,可溶性固形物含量 12% 以上,口感好,果形漂亮,为高档礼品瓜。

9. 台湾特小凤　特早熟,瓜个小,单瓜重 1～1.5kg,薄皮黄肉,糖度高,口感细腻,在北京、上海等地很受欢迎。

二、茬口安排

日光温室西瓜只要安排得当,一年可以进行四茬生产。第一茬 7 月下旬育苗、嫁接,9 月中旬定植,元月采收上市;二茬 11 月上旬育苗,元月移栽定植,3 月中旬可采收;三茬 2 月上旬育苗,4 月上旬定植,5 月中旬采收;四茬 4 月中旬育苗,5 月中旬定植,6 月下旬采收。

日光温室栽培西瓜以秋冬茬和早春茬为主,选用早美丽、京欣 1 号、陇丰早成等,单瓜重 2～3 公斤,亩产 2500 公斤,含糖量达 14%,较海南岛西瓜品质佳。销往外地的应以礼品瓜为主,如冰激凌、金福、台湾特小凤等。

三、育苗

日光温室栽培的西瓜可用自根苗,也可以采用嫁接育苗。为了适应日光温室倒茬困难和温度条件不能完全满足生长需要的特点,采用嫁接育苗可以获得更好的效益。

1. 浸种催芽　浸种前,应选晴好天气晒种 2～3 天,借阳光中的紫外线杀死种子表面的病原菌。把选好晒好的种子置于容器内,倒入相当于种子重量 3～4 倍的热水(65℃)不断搅动,至水温降至 35℃ 时,停止搅动,在温水中浸泡 3～5 小时;也可用 10% 磷酸三钠浸泡种子 20 分钟,预防西瓜病毒病;或用 50% 的多菌灵可湿性粉剂 500 倍液浸种 1 小时,可防治炭疽病等。西瓜的种壳硬,吸水较慢,为加快吸水速度,应浸泡 6～12 小时,使种子吸足水分,并将种皮上的黏液等物质搓洗干净,然后捞出控去多余水分,进行催芽。

西瓜种子发芽的适温范围为 25～32℃,以 30～32℃ 发芽最快,但不得超过 35℃ 和低于 15℃。为提高种子发芽率,催芽时应采取变温处理,即掌握白天在 28～32℃ 条件下 12～16 小时,夜间在 15～18℃ 条件下 8～12 小时。当种子"破门"露白时及时播种。

2.准备苗床　西瓜苗期生长发育所需适宜温度,要比黄瓜苗期所需适温高 2℃。因此,苗床必须具备良好的采光、增温、保温性能。

苗床营养土配方:未种过瓜类的田园土及充分腐熟的农家肥分别砸碎过筛,按土:肥＝3:1 的比例混匀,或将过筛田园土每立方米加尿素 0.5 公斤,过磷酸钙 1.5 公斤,硫酸钾 0.5 公斤;或氮磷钾三元复合肥 2 公斤,混合均匀备用。

苗床应建在日光温室内采光好的位置,南北向,床宽 1～1.2 米,长 3 米左右,畦高 15～18 厘米,床底面要求平实。为防治地下害虫,于床底面喷洒 50％ 辛硫磷乳油 1000 倍液,在床畦底面均匀撒铺上 0.3 厘米厚的细砂或细炉渣,然后再铺 10～20 厘米厚的营养土,耙平浇透水,待水渗下时把上面扒平,用窄刀在畦内按 10 厘米见方切成营养土方,播种时按方块播种,成苗后按方块取苗移栽。或用 10×10 厘米营养钵育苗,营养钵内装营养土至 4/5 处,整齐摆放在苗床中备用。这种方法成苗后伤根少,移栽后缓苗快。播时将催好芽的种子平播在营养钵内,不可直立播放,以免种子"带帽"出土。播后覆盖细土 1.5cm 厚,不可太厚,以免影响出苗,并覆地膜保湿保温,苗床上另扣拱棚,夜间盖草帘保温。白天床温控制在 20～25℃,夜间为 16℃。

为防止重茬西瓜枯萎病严重发生,必须采用嫁接技术。砧木可直接育在营养钵中。

3.播种　西瓜嫁接用砧木多为瓠瓜,也可用黑籽南瓜。砧木和接穗的播种量因种子大小和发芽率差别大,一般亩用种量:瓠瓜 250～300 克,黑籽南瓜 1000 克,西瓜 100～200 克。播种时间因嫁接方法不同而不同。采用靠接法,瓠瓜砧木晚播 4～6 天,南瓜砧木晚播 3～4 天;采用插接、劈接法时,瓠瓜砧木早播 5～6 天,南瓜砧木早播 3～4 天。覆土后可喷 50％ 辛硫磷液防地下害虫,及时在苗床上覆盖地膜保温保墒,子叶顶土时揭去地膜。

4.苗期管理

116

(1)嫁接苗管理　西瓜嫁接苗伤口愈合期为 8～10 天。

湿度:嫁接苗放入小拱棚,随时喷雾加湿,小拱棚 2～3 天不通风,相对湿度达到 95% 以上,4～5 天后早晚开始通风排湿,以后逐渐加大通风量,8～10 天后转入常规湿度管理。

温度:要求第 1～3 天昼温 26～28℃,夜温 20～22℃,4～5 天后昼温 22～28℃,夜温 14～18℃,7 天后昼温 22～23℃,夜温 13～16℃。

光照:嫁接后 1～3 天密封遮光,3～4 天早、晚除去遮荫物,用散射光或弱光早晚照射 0.5～1 小时,以后逐渐延长光照时间,7 天后只在中午强光时遮光,10 天后恢复到一般苗床管理。

接口愈合期要随时除去砧木萌发的侧芽等,靠接苗 10～12 天后进行试断根,成功后全部断根。嫁接苗成活后的苗期管理与西瓜自根苗相同。

(2)实生苗的苗期管理

播种至出苗:保持床土湿润,10 厘米处地温白天为 25～32℃,夜间为 18～23℃,最低不低于 15℃。

出苗至第一片真叶显露:要求光照充足,温度控制在白天 20～22℃,夜间 15～17℃,以防徒长为主。

1～3 片真叶期:花芽分化在该期完成,应适当控制地上部分生长,较低的夜温有利于雌花分化,白天延长光照时间,加大通风量延长通风时间,苗床温度以白天 20～25℃、夜间 12～15℃为宜。

定植前炼苗:定植前 5～7 天,苗床温度逐渐降低,但夜温短时间内最低也不可低于 10℃,定植前 2 天浇透水,经过低温炼苗后增加其抗逆性,定植后有利缓苗。

四、定植

1. 定植前准备　定植前 10～15 天扣棚,盖好草帘,亩施充分腐熟的优质农家肥 1～2 万公斤,饼肥 150～200 公斤,过磷酸钙 80～100 公斤,尿素和硫酸钾各 30～40 公斤,将 2/3 的基肥撒施后深翻 30 厘米,整平地面后按垄宽 120 厘米、沟宽 40 厘米,南北向起垄,垄高 20～25 厘米,在垄上开双行定植沟,沟内将 1/3 基肥均匀施入与土混合均匀,定植前 7~10 天温室彻底消毒。

2.定植方法、密度　西瓜定植时适宜苗龄 30~40 天,4~5 片真叶。要求地温稳定在 15℃ 以上,以利缓苗。定植选晴天上午进行,株距 80~90 厘米,亩栽苗 1000 株左右,采用坐水栽苗,先在定植沟内浇足水,水稍渗后轻取苗坨或从营养钵中倒出苗子,尽量保持苗坨完整,栽后封坨,垄中央留灌水沟,第 2~3 天选晴天铺盖地膜,在膜上割"一"字形口小心引苗出膜。嫁接苗栽植方法同前,但适当浅些,要求嫁接口距地面 2 厘米以上,否则易产生不定根,失去嫁接意义。

五、定植后的管理

1.温、湿度管理　定植后一周内是缓苗的关键时期,要求室内温度较高,气温白天保持在 25~30℃,夜间保持在 14℃ 以上。地温在 15~25℃,不浇水,一般不通风,只在中午棚内气温达 40℃ 时进行短时间通风降温。

从缓苗后到开花期,要依据棚内温、湿度进行适当通风调温调湿,使棚内气温控制在白天 24~32℃,夜间不低于 15℃,昼夜温差 10~12℃,空气湿度,白天 50% 左右,夜间 80% 左右,地温稳定在 15℃ 以上。

结瓜期,随着株体增大叶片数增多,光照时间延长,此期光合作用旺盛,需要较高温度和较大的昼夜温差,要控制在白天气温 25~35℃,夜间 15~20℃,昼夜温差 10~15℃,地温为 18~25℃。中午前后适当延长通风时间,使棚内最高气温不超过 40℃,空气湿度 50%~60% 为宜。若因浇水导致棚内空气湿度过大时,应通风换气,降低湿度。

2.合理施肥　西瓜的追肥适期为:第一次在团棵期,主要是促进植株生长,扩大同化面积,促进花芽分化和雌花形成,一般亩追施腐熟豆饼肥 75~100 公斤或大粪干 500~700 公斤,另外要混施尿素 10 公斤左右。第二次追肥在坐住瓜后,目的是促进瓜果迅速膨大,一般亩施三元复合肥 50~60 公斤,或尿素、硫酸钾、过磷酸钙各 20~25 公斤,在植株一侧或株间穴施,或沟施或随水冲施。第三次追肥是在瓜体基本定型前后,叶面喷洒速效化肥和微肥,喷 1% 的尿素稀释液和 0.2% 的磷酸二氢钾稀释液及螯合肥、光合速肥等,一般亩喷施尿素1公斤、磷酸二氢钾0.2公斤,6～7天喷一次,连续喷2次。

3. 适时适量浇水　西瓜生育前期,根系生育旺盛,喜土壤通气性好,较耐旱。因此,从定植后到伸蔓期,应适当控制浇水,以地膜覆盖保墒和行间中耕保墒为主,促进形成强大的根系,此期土壤含水量为田间最大持水量的55％～75％为宜。如果土壤湿度低于50％,瓜苗出现旱象时,宜采取从植株一边揭膜开沟浇小水,浇后及时保墒并覆盖好地膜,切不可放大水。

进入伸蔓坐瓜期,植株需水量逐渐增加,但坐瓜期为防止徒长化瓜,促进开花坐瓜,仍应适当控制浇水,但到瓜果膨大盛期,需水量剧增,应保证充足的水分供应以促进瓜体膨大,一般于瓜果膨大期内浇两次水即可,瓜体定型到成熟期,为促进果内部物质转化,使糖分增加,提高品质,应停止浇水。

4. 植株调整

(1)整枝压蔓　日光温室西瓜的整枝方式一般采用双蔓整枝,除保留主蔓外,在主蔓第3～5节上选留一条健壮的侧枝蔓,即一株只留两条蔓,将其它所有侧蔓及早摘除,到瓜体膨大后期,因养分多集中在瓜体增大上,所以茎蔓的生长势显著变弱,此时可停止打杈,以保持较大的叶面积,增加光合产物,提高单瓜重。

(2)绑蔓、吊瓜　当瓜蔓长到70～80厘米时,可采用塑料绳吊架,瓜蔓上架时,如果蔓长,可采用"之"字绑蔓法。吊瓜时当瓜体长到1公斤左右时,用草圈和3根绳或用塑料网袋把瓜吊起来。

(3)选瓜、定瓜　生产上一般多选留第二朵雌花坐瓜,此时植株已有较多的叶片,瓜体膨大时期能得到比较多的养分,瓜形大而端正整齐。若第3朵雌花坐瓜,虽因植株叶面积大,瓜长得大,但成熟期推迟。定瓜是当主、侧蔓上坐住瓜后,选留部位适当、子房肥大、瓜形端正符合该品种特征的幼瓜。选定留瓜后,就应把其它雌花及幼瓜及时淘汰,并视植株长势适时摘心,以减少营养物质的消耗。

5. 人工授粉　日光温室栽培西瓜必须进行人工授粉。人工授粉应在上午7～9时,方法是:取当天开放的雄花剥去花瓣,露出雄蕊,将花粉轻轻涂抹在雌花柱头上,不能用手触摸雌花子房,否则易化瓜,同时要使花粉分布均匀,一朵雄花可以涂抹3~4朵雌花。

6.适时采收 适时采收可保最佳品质和便于贮运,判断西瓜成熟度的最好方法是:计时定熟法,根据西瓜自开花到成熟每个品种都有一定天数的特点,可在人工授粉的当日定一标记,参照不同品种的成熟期长短,确定是否成熟。可根据运输工具和运程确定采收成熟度,用普通货车运程期在10天以上者,应采收75%~80%成熟度的西瓜;运程期在5~7天者,应采收80%~90%成熟度的西瓜;运程期在5天以内者可于西瓜90%~95%的成熟度时采收。当地销售者可于95%~100%成熟度时采收。

采收西瓜的时间以上午或傍晚最好,因为西瓜经过夜间冷凉之后,散发了大部分的田间热,采收后不致因瓜温过高和呼吸加强,而引起质量下降和不利于储运。

第三节 病虫害防治

一、枯萎病

1.选用抗病品种 如京欣1号、郑杂5号、郑抗5号、郑抗9号、陇丰早成等。

2.嫁接换根 可用黑籽南瓜或瓠瓜作砧木嫁接育苗。

3.控制氮肥用量 增施磷钾肥及微量元素。

4.种子处理 用40%甲醛配成150倍液,浸种1~2小时后捞出,冲洗晾干;或50~60℃温水兑成50%多菌灵可湿性粉剂1000倍液,浸种30~40分钟。

5.苗床及土壤处理 用40%五氯硝基苯或50%多菌灵可湿性粉剂1公斤加土200公斤与苗床营养土拌匀后撒入苗床或定植穴中,也可用50%多菌灵可湿性粉剂1公斤、40%拌种双粉剂1公斤混入25~30公斤细土或粉碎的饼肥,于播种前撒入定植穴周围0.09平方米内,

120

与土混合后隔2～3天播种。

6. 发病初期灌根 发现零星病株时,用10%双效灵水剂200倍液,或高锰酸钾1300倍液,或50%多菌灵可湿性粉剂1000倍液、50%多菌灵可湿性粉剂600倍液、40%拌种双粉剂400倍悬浮液灌根,每株灌兑好的药液0.4～0.5升或12.5%增效多菌灵溶剂200～300倍液,每株灌100毫升。

7. 喷药预防 1份25%瑞毒霉可湿性粉剂+2份50%代森铵水剂,混合搅拌均匀,成"瑞毒合剂",使用时兑水140倍,对未发病株喷施进行预防,此药严禁高温时喷用,宜在傍晚进行。

二、炭疽病

叶片被害后,产生圆形或不规则白水渍状斑点,外围有一紫黑色圈,有时出现同心轮纹,干燥时病斑易破裂,湿度大时,生有粉红色黏物。瓜蔓、叶柄受害时,呈浅黄圆形或椭圆形水渍斑,稍凹陷,当病斑环绕瓜蔓或叶柄一周时,上面的叶片和蔓枯死。幼瓜受害时,叶面出现圆形水渍状浅绿色凹陷病斑,后变成褐色,上有粉色黏稠物,幼瓜畸形、脱落。

1. 选用抗病品种并进行种子消毒 用55℃温水浸种15分钟,或有冰醋酸100倍液浸种30分钟,清水冲洗干净后催芽。

2. 实行轮作倒茬,对苗床土进行消毒,减少初侵染源。

3. 增施磷钾肥起垄定植,覆盖地膜,以增强植株抗病力和降低土壤空气的相对湿度,减少病菌传播。

4. 药剂防治 发病初期选用50%多菌灵600倍液,或75%百菌清可湿性粉剂700倍液,或50%福美双300～400倍液或50%代森铵1000倍液,或50%混杀硫悬浮剂500倍液,或2%抗霉菌素(农抗120)或2%武夷菌素200倍液喷雾,每隔7天喷1次,连喷3～4次。若棚内湿度大时,为避免因喷药增加棚内湿度,可采用百菌清烟剂熏棚。

三、斑潜蝇

1. 清洁田园 收获后及时清除田间杂草、菜秧和残枝枯叶,并带出田外深埋或烧毁。

2.药剂防治 关键要早治,当幼虫钻蛀到叶子里之前用药防治,即在产卵期喷药或在苗期开始喷药。可喷 2.5%功夫乳油 2000 倍液,或 20%杀灭菊酯 1000 倍液。

对于美洲斑潜蝇这种更加顽固的虫害,一般农药防治效果不好,可用虫螨光 3000 倍液或毒死蜱 1000 倍液,或 48%乐斯本 5000 倍液喷用,防治效果好。

四、其它虫害

1.蚜虫 以卵在寄主上越冬或以成蚜、若蚜在温室蔬菜上越冬可继续繁殖。高温干旱繁殖特快,低温潮湿的条件下,虫口密度下降。防治时应及时清除田间枯枝败叶和杂草,杜绝幼苗带虫。用敌敌畏烟剂或灭蚜烟剂熏蒸效果很好,用蚜虱净 1000 倍,聚酯类农药 3000～4000 倍喷雾防治,效果也不错。另外,在温室内每隔 10 米,插一 0.5 平方米的黄色纸板,上面涂上油胶,也能有效地除杀蚜虫。

2.白粉虱 温室内一年四季均有发生,尤以春夏发生尤为严重。除采取必要的农艺措施预防外,用灭虱烟烟剂熏蒸防效十分明显,每隔 7 天熏蒸一次,基本能将白粉虱控制杀灭。

第十一章　节能日光温室
甜瓜栽培新技术

甘肃的甜瓜营养丰富,品质优良。随着节能日光温室技术的不断进步和人民生活水平的逐渐提高,节能日光温室反季节生产的甜瓜已成为淡季畅销的高档果品,社会效益、经济效益显著。

第一节　甜瓜的植物学特性

节能日光温室种植的甜瓜,绝大多数为厚皮甜瓜,其生物学特征特性有:

一、根

由主根、多次分生的侧根和根毛组成。属直根系作物,根系发达,入土深广,生长旺盛。其生长特点是:

1. 较强的好氧性甜瓜根系对土壤中氧的含量要求高,根系在轻质砂壤或轻砂壤土中生长旺盛,分布广,分枝多,健壮发达。

2. 根系生长快,再生性弱,育苗时必须有保护措施。

3. 具有一定的耐盐碱能力,根系生长适宜的土壤酸碱度为 pH 值 $6.0 \sim 6.8$,但适宜范围较宽,耐碱性强。

二、茎

蔓性草本,中空,有刺毛,分枝性极强。

三、叶

单叶互生,近圆形,掌状或五裂,叶片较大,蒸腾作用较为强烈。

四、花

绝大多数品种为雌、雄花同株的虫煤花,日光温室内昆虫较少,必须进行人工授粉。

五、果

果实为瓠果,可食用部分为中、内果皮,外皮韧而硬,不能食用。果形及果皮颜色因品种而异。

第二节　早春茬甜瓜栽培技术

一、甜瓜品种介绍

1. 状元　从台湾引进,植株生长势强,瓜橄榄形,果皮金黄色,果皮坚硬,果肉白色,糖分含量 14% ~16% ,单果重 1.0~1.5 公斤,低温下果实膨大,商品性好。

2. 台农 2 号　早熟品种,抗病,耐湿耐热,叶色浓绿,长势强,丰产性好,平均单果重 1.5~3.0 公斤,椭圆形或圆形,皮乳白色,果面光滑或稍有网纹,果肉为淡橘红色,肉质脆甜,多汁爽口,糖度为 13~15 度,耐储运。从定植到采收,春播 75 天,秋播 65 天。

二、茬口安排

前茬是秋冬茬番茄、西葫芦、西芹等,甜瓜 12 月下旬至元月上旬播种育苗,苗龄 30 天,元月下旬至 2 月上旬定植,4 月上、中旬采收;若在 12 月至元月采收,要在 8 月上、中旬播种育苗,9 月上、中旬定植。后茬是夏秋茬苦瓜、冬瓜及绿菜花等名、优、特菜。

三、营养钵育苗

1. 配制营养土　未种过瓜类的肥沃田园土与优质农家肥砸细过

124

筛后按7:3比例充分混匀,每方营养土中同时混入1~2公斤磷二铵,0.5~1.0公斤硝酸钾。营养土用60%多菌灵可湿性粉剂800倍液、40%氧化乐果2000倍液混合杀菌灭虫后装入营养钵。

2.苗床准备　苗床设在节能日光温室中部光照充足处,整平地面,按要求铺好地热线,覆土10厘米后踩平,苗床宽约1.2米,搭高约1.0~1.5米的小拱棚。

3.浸种催芽　亩用种量75~100克,50%多菌灵可湿性粉剂500倍液浸种0.5~1.0小时,清洗后用55~60℃热水烫种,搅拌至30℃左右,浸种6~8小时,搓洗干净种子表面的黏液,用纱布包起,控干水分后置28~30℃条件下催芽,每天早、晚用温水冲洗种子,24~30小时种子露白后即可播种。

4.播种　选晴天上午播种,播种前一天苗床浇足底水,电热线加温。露白的种子每钵一粒,胚根朝下播种,上盖1.5~2.0厘米厚的药土,播完后覆盖地膜,扣严拱棚,增温保墒。

5.苗期管理　出苗前昼温25~30℃,夜温17~20℃,地温16℃以上。子叶顶土、出苗率达80%时及时揭去地膜,小拱棚由小到大通风,降温排湿,以防徒长。出苗后昼温22~28℃,夜温15~17℃,地温不低于16℃。定植前7~10天进行低温炼苗,夜温可降至12~16℃。加大昼夜温差,严格控制浇水,加强苗床光照,提高幼苗的适应性和抗逆性。

6.定植苗态　日历苗龄30~35天,3~4片真叶,子叶完整、色绿,真叶肥厚,颜色深绿,有光泽,茎粗节短,株高20~25厘米,生长健壮整齐,无病虫。

四、定植前准备

前茬作物于定植前10~15天拉秧。清除秸秆、杂草等,平整土地,结合深翻,亩施优质农家肥5000~8000公斤,鸡粪1000~2000公斤,过磷酸钙200~300公斤,磷二铵30公斤,硝酸钾20~25公斤,土、肥混合均匀后做畦,畦宽82厘米,高15~20厘米,沟宽50厘米,畦上铺地膜。

五、定植

选择低温过后的连续晴天上午定植。每畦二行,株距 70～80 厘米,亩栽苗 1300～1500 株。定植方法是:地膜上按株距开定植穴,穴深以苗坨覆土后不外露为宜,选择大小整齐,健壮的幼苗,脱去营养钵,小心放入定植穴内,壅少量土稳苗,浇小水,每株(穴)约 1～1.5 公斤,水下渗后晒坨至下午 3～4 时封窝。

六、定植后管理

1. 温度、湿度、光照管理

(1)定植～缓苗期:昼温 25～30℃,夜温 13～18℃,地温 16℃ 以上,提高温度、尤其是地温,增强光照,促进缓苗。空气相对湿度 60%～70%。

(2)缓苗～开花期:昼温 22～28℃,夜温 12～16℃,地温持续稳定在 16℃ 以上,加大昼夜温差,促根壮秧。空气相对湿度 50%～60%。

(3)结果期:昼温 25～30℃,夜温 13～18℃,地温 17℃ 以上,结果后期夜温降到 10～14℃。空气相对湿度结果前 50%～60%,中期 60%～70%,后期 60% 左右。

2. 肥水管理 定植后 2～3 天内选晴天上午浇足缓苗水。缓苗～开花期严格控制肥水。进入结果期,幼瓜开始膨大、早熟品种果实核桃大小、中晚熟品种鸡蛋大小时浇水追肥,间隔 7～10 天一次,共 3～4 次。每亩每次磷二铵 15～20 公斤,或尿素 10～15 公斤,硝酸钾 5 公斤,同时进行二氧化碳施肥和叶面追肥。

3. 整枝吊蔓留果 甜瓜采用主蔓单蔓整枝法,在子蔓上坐果:选留主蔓第 11～13 节的一条子蔓作结果蔓,单株留瓜一般为一个,若留二个瓜,第二条结果蔓比第一条高 2～3 个,其它子蔓逐段逐次及时摘除,主蔓在 20～25 节及时摘心。坐果后尽早摘除多余雌、雄花及卷须。结果蔓瓜前留 2～3 片叶摘心,吊蔓方法与西瓜相同。选瓜应在瓜鸡蛋大小时,在浇膨瓜水之前进行。宜选留肥大、瓜形好、色泽鲜嫩、果柄粗大、无病虫害和损伤的幼瓜,未选中的瓜要随时摘除。

4．人工授粉与生长调节剂应用　甜瓜为异花授粉的虫媒花，开花后必须及时人工授粉或激素处理。人工授粉方法同西瓜栽培。激素处理用1％Ba或KT-30液，于开花当天涂抹花柄。也可用20～30ppm番茄灵于开花1～2天均匀喷涂子房。

5．采收　早熟品种开花至果实成熟35～40天，中、晚熟品种45～50天。采取花期标记法，结合品种固有特性等进行成熟判断，也可在大量采收前，随机抽样品尝。

七、病虫害防治

1．枯萎病

（一）农业措施：轮作倒茬，前作非瓜类作物；种子消毒，多施有机肥，增施磷、钾肥；嫁接换根。

（二）化学防治：70％甲基托布津、70％敌克松或五氯硝基苯按1∶100配制药土，施入定植穴，每亩用药量1.5公斤；发病初期，可有10％双效灵400倍液，或抗枯灵500倍液灌根，每株用药量250～300毫升，连灌3～4次。

2．白粉病

发病初期喷施多硫悬浮剂500倍液，30％石硫合剂300倍液，20％三唑酮乳油2000倍液，每隔1～15天喷药1次，连续2～3次。

3．叶枯病

(1)农业措施：药剂拌种；防止大水漫灌；发现病叶及时摘除。

(2)化学防治：25％甲霜灵1000倍液、或40％乙磷铝500倍液，或70％代森锰锌500倍液。

4．炭疽病

防治方法参照西瓜炭疽病。

5．病毒病

防治方法：种子用10％磷酸三钠溶液浸种；防止接触传染；防治蚜虫；20％病毒A500倍液与1.5％植病灵乳剂1000倍交替喷洒。

第三节　秋冬茬甜瓜栽培技术

一、品种选择

秋冬茬一般选择状元等中、早熟品种。

二、茬口安排

8月上、中旬育苗,9月上、中旬定植,12月至元月采收。

三、培育壮苗

1.配制营养土　优势腐熟农家肥砸细过筛后按7:3比例混合,每方营养土同时加入磷二铵复合肥1~1.5公斤,0.5公斤硝酸钾。营养土灭菌杀虫后装入营养钵。

2.苗床准备　亩需苗床15~20平方米。苗床设在通风冷凉处,苗床宽1.2米,做高约25~30厘米的平畦,畦上摆放营养钵,四周设排、灌水沟。苗床上搭高约1.5米,四周各宽出平畦40~60厘米拱棚架,防虫网、遮阳网全覆盖,防虫防晒。

3.浸种、催芽、播种同早春茬。

4.苗期管理　出苗前地温20~25℃,昼温20~30℃,夜温16~20℃。子叶顶土、出苗率达40%及时揭去地膜,以防徒长。晴天苗床受光时间控制在12小时以内。昼温长时间超过35℃时必须采取降温措施,加盖遮阳物,扩大苗床遮荫面积,但必须保证苗床有较好的透气性;在遮阳网上定时喷雾加湿,苗床小水勤浇等。遮严防虫网,防止白粉虱、蚜虫、斑潜蝇等害虫危害和传染病毒病。

5.壮苗指标　日历苗龄25~30天,二至三叶一心期子叶完整,叶片肥厚,色泽绿,茎粗节短,株高25~30厘米。

四、定植前准备

1. 整地做畦 土壤板结、透气性差、理化性质不良的温室土壤首先要进行改良。结合翻地,每亩施入农作物秸秆堆肥、酵素菌肥 10～12 立方米,或河砂 8～10 立方米。底肥种类、数量、施肥方法、整地做畦同早春茬。

2. 温室扣棚、覆盖遮阳网、杀菌灭虫 定植前一周温室覆盖 EVA 等无色无滴膜,温室扣膜后初期,室内气温较高,通顶风、底风时外界害虫会乘虚潜入危害,因此,必须于扣膜同时在通风口处覆盖防虫网。扣膜后密封温室,进行高温消毒或药剂消毒杀虫,熏蒸消毒杀虫,每亩可用硫磺粉 2.0～2.5 公斤,75%百菌清 1.2～1.5 公斤,敌敌畏 60～75 公斤与锯末混合后,分散数处点燃,密封温室 24 小时以上。

五、定植

定植密度同早春茬。定植方法是:畦开定植沟,选择大小整齐、健壮、无病虫的秧苗,按株距依次摆放好,脱去营养钵,壅少量土稳苗,小沟内浇水,晒坨至下午 3～4 时封窝、铺地膜。

六、定植后管理

1. 温度、湿度、光照管理

(1)定植～缓苗期:昼温 25～30℃,夜温 15～20℃,地温 20℃以上。相对湿度 50%～60%。

(2)缓苗～开花期:昼温 24～28℃,夜温 14～16℃,地温 18～22℃。

加大昼夜温差,促根壮秧。相对湿度 40%～50%。每天揭帘后及时清扫膜面,增强光照。

(3)结果期:昼温 25%～30%,夜温 16～13℃,急降温前增加保温帘等覆盖物,地温持续稳定在 18℃以上,相对湿度 45%～55%。

2. 肥水管理 定植后 1～2 日内浇足缓苗水,缓苗后至坐果膨大期间严格控制肥水,不严重干旱不浇水。果实膨大至鸡蛋大小时浇水追肥,随水每亩冲施磷二铵15~20公斤,硫酸钾8~10公斤。果实膨大定型后再浇一次水。每亩追施硫酸钾6~8公斤。幼瓜膨大后肥水管理在早春茬基础上根据土壤状况和植株生长势多浇2~3次清水。

3.整枝吊蔓留瓜 基本方法与早春茬相同,一般采用留单瓜整枝留瓜技术。

人工授粉及采收同早春茬。

七、病虫害综合防治

主要病害有病毒病、白粉病、叶枯病、枯萎病等,主要害虫有白粉虱、蚜虫、红蜘蛛美洲斑潜蝇等。防治措施参照瓜类病虫害防治内容。

第十二章　节能日光温室
人参果栽培新技术

　　人参果又名金参果、香艳茄。原产于南美洲的安第安斯山脉北麓,属多年生草本植物,是一个营养丰富的医疗保健型蔬菜、水果兼用的新品种。其果肉爽甜多汁、清香味美、风味独特,具有高蛋白、低糖、低脂等特点,含有多种维生素和氨基酸。人参果含有碘、钼、铁、磷、硫、硒、锌等18种矿物质和人体必需的微量元素,对各种癌症、冠心病、高血压、糖尿病都具有良好的防治效果,尤其含硒元素,在我国水果蔬菜中极为少见。硒被称为"生命火种"、"抗癌之王",它对脑血管病也有益(目前世界上有57个国家和地区贫"硒",我国有2/3的省严重缺硒)。人参果的含钙量高于一切水果和蔬菜,每百克鲜果含钙量高达910毫克,是番茄的114倍、黄瓜的36.4倍、黑木耳的2.55倍。堪称目前世界上一流的保健水果之王,它对老年人、孕妇、儿童及所有缺钙人特别有益处。

　　人参果的食用方法很多,既可作为水果直接食用,又可作为蔬菜炒菜、凉拌、做汤,可炸、蒸、炖,还可加工罐头、果汁、饮料。该品种特色优势明显,市场前景宽广,经济效益显著。武威市凉州区2001年从山东引进试种成功,2003年在海拔2200米以上的张义山区示范推广,由于基本满足了人参果喜凉爽湿润的气候特点,产量和效益十分明显,一般每666.7平方米产量可达3.5~5.0吨,产值达到1.4~2.0万元,纯收入可达0.8~1.4万元。因采用高原无公害栽培,其产量和品质更佳,产品在国内外市场倍受宠爱,成为市场上的紧俏货,在当地具有较高的推广价值,正成为当地农户致富的热门项目和促进农村经济发展的新的增长点。

一、特征特性

人参果树属多年生、半木质化草本茄科植物,株高 100cm,冠径 60cm,寿命 8 年左右,无主根,须根多,茎幼嫩时为绿色,较老化后为灰白色,叶片为绿色或浅绿色,果实形状大小不一,幼果白色,成熟时果皮呈淡红黄色,单株全年挂果 20～30 个,最高 50 个,单果重 200～500 克,最重约 750 克,果为浆果,果肉淡黄色,可溶性固物含量 12%。成熟果可挂在枝上 3～4 个月不落果,一年可生产两茬,亩产量 5000～8000kg。果实较耐贮藏,在正常气温下可存放 20～30 天,冬季存放可达 50～60 天,对调节上市时机、创最佳经济效益相当有利。

二、生长条件

人参果生长最适宜温度为 13～25℃,低于 0℃ 会冻死,能忍耐 3～5℃ 低温,5℃ 以上可正常生长。0～40℃ 范围内,植株均能生存,比同科植物(如蕃茄、辣椒、茄子)耐寒性强。高于 28℃ 以上或低于 10℃ 以下则生长缓慢,发育不良,易落蕾、落花,即使结了果实,也多为空腔果。在 15～28℃ 内可不断开花结果,超过 30℃ 挂果困难,在大棚内一般可四季挂果。

三、栽培技术

1. 整地施肥

选择灌溉方便、通风透光、土质疏松肥沃的中性土壤栽种,最好选择前茬为非茄科作物的地块。

人参果为多年生草木植物,应施足底肥,每 666.7m^2 施优质农家肥 4000～5000 公斤、磷肥 50kg、草木灰 100kg 或适量钾肥。但不宜使用尿素和碳铵。

2. 品种选择

选用长青、大紫、澳美 981 等优良品种。

3. 扦插育苗

人参果以无性繁殖为主,其中以苗床扦插方法最为简易,在 6 月底以前育的苗当年就可结果。苗床宽 1.5 米,长若干米,将枝条插入土壤 3.5cm,株行距为 10cm×10cm,6 天左右生根,每周浇水一次,45 天可移栽或出售种苗。

4. 移栽定植

移栽时间一般在下午四时以后,选用高 15 厘米左右,枝条多,枝干粗壮,叶片茂盛,无病虫害的壮苗定植,株行距为 50cm×70cm,667m² 植 2500 株左右。

移栽的深度是必须用土覆盖住苗的三个枝节以上,栽后立即浇水一次。

5. 田间管理

(1)追肥浇水

根据人参果不同的生育阶段,供给不同的水量。繁殖期,保持土壤湿润,防止烈日曝晒或大雨冲淋。幼苗期,定植时要浇足定植水,平时供水及时,保持湿而不干。开花坐果期,尤其在果实膨大期,供水量要增加。

为了保证人参果清香味美,施肥应以有机肥为主,尽量少施化肥。除施足底肥外,根据苗情生长情况,前期还应追肥两次:一次是在果苗生长到 30 厘米左右时;另一次是在果苗接近开花时,每亩施纯 N、P_2O_5、K_2O 肥各 3 公斤,离苗木主根 10 厘米外浇灌。开花结果期应适当增施硼肥等微量元素,少量勤施 N、P、K 复合肥,并注意中耕除草。一般 10~15 天施一次肥,开花后多施钾肥。

(2)定植修枝

移栽成活后对个别弱苗、病苗应及时挖掉补苗。

人参果分枝萌发力极强,每个叶片的基部都会长出无数的小枝条,应及时修枝打杈,从植株 15~20 厘米以上部分,选留 3~8 枝健壮、分布均匀的枝作为果枝,其余的全部剪除。

每个侧枝上留 2~3 个花序,每个花序留 2~3 个果,其余的花序、小果全部疏除。每株最多只结 30 个果。每 10 天修剪一次,每年每亩剪下的嫩叶多达 2000kg,可作为禽畜的青饲料。

(3)搭架加固

人参果的茎干较软,果实累累,枝条不堪负重,开始结果时须搭架吊秧,以防倒伏。

(4)病虫害防治

①植株不长发生矮小病时,可喷洒克霉特;

②疫霉和灰霉病可用多菌灵、甲基托布津、疫霜灵、百菌清等药物防治;

③对蚜虫等虫害可选用抗蚜威等杀虫剂进行叶面喷雾防治,但严禁使用乐果或敌敌畏,因人参果对该药特别敏感,可产生毁灭性药害。

四、收获利用

人参果从扦插至收获需 3～5 个月。人参果长到八成熟时即可采收,加工果采收稍早,鲜食果采收稍迟,采收时应拿剪刀从果柄处轻轻剪下,然后分级套袋,装箱打包。避免用手直接揪下,以防手指挤压果体而不耐贮藏。成熟果可挂在枝上 3～4 个月不落果,摘下的果还可在室温条件下存放 30～50 天左右,故一年四季均有果上市。

第十三章 节能日光温室
双孢菇栽培技术

双孢蘑菇菇体洁白如玉,圆正漂亮,味道鲜美,营养丰富,具有奇特的食疗保健作用,是世界食用菌产量中居首位的食用菌种类,占食用菌总产量的32%。我国是世界双孢蘑菇生产和出口大国,2002年总产量约为40万吨,仅次于美国居第二位,年出口量近30万吨,居第一位。双孢蘑菇中所含的蛋白质和氨基酸比香菇等其它食用菌高,与牛乳相等,是一般水果、蔬菜的两倍,而脂肪的含量仅为牛乳的1/10,比一般的水果、蔬菜还低,享有"植物肉"的美称。双孢蘑菇中含有的各种酶,可以帮助消化和降低血压,对医治迁延性肝炎、慢性肝炎、早期肝硬化有明显疗效。双孢蘑菇中含有的核糖核酸能诱导机体产生干扰素,抵制病毒增殖;双孢蘑菇中所含有的多糖化合物具有一定的防癌和抗癌作用;双孢蘑菇还是低热量碱性物质,其不饱和脂肪酸含量较高,可防止动脉硬化、心脏病以及肥胖症。经常食用双孢蘑菇可以增强人体机能,提高抗病、防病能力。

一、栽培场所及方式

地下室、防空洞、民房、大棚、日光温室以及能满足双孢蘑菇生长发育所需环境条件的设施均能用来栽培双孢蘑菇。设施的基本要求为:保温、保湿、通风性能好、便于遮阴。西北地区以日光温室和简易温棚为最佳栽培设施。

栽培方式根据经济条件选择床架栽培或高垄栽培。床架栽培每架可设4~5层,架宽1~1.2米,层间距0.4~0.5米,每架间距0.6米;高垄栽培垄高0.1米,宽1~1.2米。长度根据栽培设施跨度而定。

二、栽培季节

秋栽:7月下旬至8月下旬堆制培养料,8月下旬至9月下旬播种,10月至次年4月出菇。

春栽:元月堆制培养料,2月播种,3月开始出菇,至7月初高温来临时清棚,可收到总产量的70%～80%,但夏季南方贩运减少。市场行情好,收益高。

三、培养料的堆制

1.配方(以110平方米为例)

(1)麦草牛粪培养料

干麦草1500公斤、干牛粪1500公斤(或用其它干畜粪代替)、过磷酸钙60公斤、石膏粉60公斤、石灰40公斤、尿素30公斤,水适量。

(2)玉米秆牛粪培养料

干玉米秆1500公斤、干牛粪1500公斤(或用其它畜粪代替)、过磷酸钙60公斤、石膏粉60公斤、石灰40公斤、尿素30公斤,水适量。

(3)麦草合成培养料

干麦草2600公斤、油渣200公斤、过磷酸钙60公斤、石灰40公斤、尿素45公斤,水适量。

2.备料

(1)畜禽粪使用前应晒干、打碎,过1.0cm规格的筛子。

(2)草料要求新鲜无霉变,麦草最好选用轧碾草,脱粒草要碾压处理,使其茎秆破裂变软有利于吸水和发酵。玉米秆碾压扁后,截成30厘米长的秸秆。

(3)油渣、尿素、过磷酸钙、石膏粉、石灰等辅料应提前备齐。

3.预堆

(1)选择堆料场地

堆料场地选择地势高、靠近菇棚和水源的地方,要求平整、坚实、远离畜禽饲养场地。料堆方位一般选择南北走向。

(2)草料预湿

将麦草或玉米秆边浇水边踩踏,堆成宽2.3米、高1.5米长度不限的长方形草堆,草料要吸足水分。同时按"下层少、上层多"的原则将配方中尿素总量的$1/3 \sim 1/2$分层撒于草堆间,预湿好的草堆间要有少量水分溢出;草料也可放入$1\% \sim 2\%$的石灰水中浸泡一昼夜进行预湿。

(3)牛粪预湿

将细干牛粪边喷水边堆成宽2米、高0.5米的长方形码堆,牛粪含水量60%左右,手握成团,松手即散。

(4)油渣预湿

油渣打碎或粉碎后,用2%甲醛溶液喷洒潮湿后用薄膜覆盖消毒预湿。

4.建堆

预堆三天后,在堆料场地用石灰粉画出宽2.3米、长11米的堆基。先铺一层草料,厚约30cm,然后在上面铺一层粪,以盖没草层为度,粪层上面再铺30cm厚的草,草上再铺一层粪,如此一层草一层粪逐层向上堆积,总层数约$10 \sim 12$层,高1.5米左右,辅料按"下层不加、中层少、上层多"的原则分层撒铺于各草层,其中尿素尽可能多加,石膏、过磷酸钙各添加总量的$1/3$,水分缺乏时可酌情加入。建堆时注意堆形四边垂直,整齐,料堆顶部做成龟背形,并用牛粪覆盖,增加上层压力,发酵效果好,雨天注意盖薄膜防雨,雨后及时揭膜,以利通风发酵。

5.翻堆

(1)翻堆时间

麦草牛粪培养料全发酵期$25 \sim 28$天,翻堆5次,间隔为7、6、5、4、3天,再隔3天进棚。玉米秆牛粪培养料全发酵期$28 \sim 30$天,翻堆6次,间隔7、6、5、4、3、2天,再隔3天进棚。麦草合成料全发酵时间较短,为$20 \sim 23$天,翻堆$3 \sim 4$次,再隔3天进棚。

(2)翻堆应掌握的原则

翻堆的目的就是通过对粪草的多次翻动,把外部干燥冷却层与内部好气发酵层和底部厌气发酵层的粪草互换位置,以促进微生物的分解活动,进行物质转化。这是堆制优质培养料的关键工作。

①水分调节

采用"一湿二润三看"的原则,即第一次翻堆时水分要加足,第二次翻堆时适当加些水分,第三次翻堆时要看料本身的干湿来决定是否加水,以后翻堆不可再加任何形式的水分。

②温度控制

在整个发酵期间,堆温高低标志着发酵的好与坏,在前三次翻堆时间内温度都应达到70~80℃之间,第三次翻堆以后,温度保持在50~55℃。在料温开始下降时,就要及时翻堆。

③辅料添加时机

氮素化肥如尿素、磷二胺等应尽早添加,争取在第二次翻堆时加完,以免后期产生氨气,抑制菌丝生长,石灰一般从第二次、第三次翻堆时开始添加,主要目的是调节料堆的酸碱度,使酸碱度维持在7.5左右。

(3)翻堆方法

在建堆后的4~5天内,堆温可上升到70~80℃,6天后,堆温开始下降,此时开始第一次翻堆,将剩下的尿素和多数石膏粉、过磷酸钙分层均匀添加于草料层,同时适当添加水分,料堆四周可有少量水分溢出。翻堆时,将上部及外部的草料翻至中间,中间和下层的翻到外部,堆基宽2~2.3米,高1.5米。

在第一次翻堆后5~6天,堆温下降时,又需要第二次翻堆,这次堆基宽度为2米,堆高1.4~1.5米,将剩下的石膏粉、过磷酸钙、未加完的尿素分层加入,水分干燥时,可均匀喷洒水分调节湿度,切不可过量,以用手紧握一把料指间出水2~3滴为宜,翻料时,应尽量抖松粪草。以后每当料温开始下降时,就应及时进行第三、四、五次翻堆,从第二次翻堆时开始由少到多添加石灰粉调整酸碱度至7.5左右。同时,结合翻堆喷施500倍敌敌畏或其它杀虫剂杀死堆料中的残存的螨类及虫卵。

6.培养料的二次发酵

采用二次发酵技术可增加双孢菇产量20%~50%,提高优质菇比例,同时产菇期转潮快,可大大减少病虫害的发生。

(1)室内二次发酵

138

面积较小、密封较好的栽培设施宜采用此法。方法为在第三次翻堆后4天,将培养料趁热上到菇棚床架上,迅速加温,或向菇房内通入热蒸汽,使料温升到60℃,维持6～10小时进行巴氏消毒,然后使料温逐渐降至50～52℃,保持3～7天,同时适当通风换气,让对双孢菇生长有益的放线菌、腐殖分解菌等大量繁殖,使培养料得到充分的分解和转化。

(2)室外二次发酵

栽培规模大、栽培设施面积大、栽培用料多的宜采用此法。方法:在发酵场地,用竹笆或篱笆等作底垫,支起一个高15厘米、宽2米的架床,将培养料翻到架床上,料堆宽1.8米,高1～1.3米,料堆中间每隔50公分插一直径10公分以上的竹棒或木椽,料翻完后,拔掉竹棒,即留出从料底到料顶的通风口,然后用竹弓或事先焊好的钢筋拱架搭到料堆外部,上部、两边距料堆30厘米,然后盖上棚模,向内通入热蒸汽,或直接让阳光照射增温,夜间注意搭草帘保温,起初温度升至60℃维持6～10小时,进行巴氏灭菌后使料温逐步降至50～52℃,注意通风换气,控温4～6天完成二次发酵。

7. 优质培养料标准

无论采取何种配料方法,堆制出的优质培养料应具备以下特点:腐熟均匀,无粪臭味,水分适量,料富有弹性,应有一股抗拉力,手捏培养料能捏拢,松手即散,无氨味,有草香味,pH7.5左右,内部有较多有益微生物白色菌落。

四、栽培设施消毒

菇棚或日光温室在进料前必须进行彻底清扫和消毒。消毒常用的药物及用量是:每立方米用硫磺粉10克、80%敌敌畏3克、36%甲醛10毫升、高锰酸钾5克。硫磺粉敌敌畏撒到木屑上,点燃熏蒸,密闭1天后,再将甲醛加入高锰酸钾中产生甲醛蒸气,密闭1天消毒。用药时注意菇棚各部位均匀用药,若菇棚密闭较差,也可采取喷洒床架、墙壁等办法消毒。在消毒的整个过程中均应注意人身安全。

日光温室及简易大棚种植,可将棚膜封严,让阳光照射升温至

50℃以上,连续3天以上高温闷棚,也可起到很好的消毒效果。

五、培养料进棚消毒

培养料发酵结束后,应及时进日光温室或菇棚,上架铺床要快,必须当天突击完成,尽量使料内热量少散失,促使培养料上床架后"发汗",进一步杀死虫卵和病原菌,辅料厚度在20～25cm,均匀摊放,彻底翻拌抖松,大的粪块要捏碎,蓝绿色粪块、土块、竹木条等杂物应清除干净,打开通风孔排除农药、二氧化碳等有害气体。若料内氨味过重,可喷入2%甲醛溶液中和;若培养料过干,可结合翻拣料,用5%石灰水调节湿度,若料太湿可均匀撒入石灰粉或多翻料一次,同时加强通风排湿。

以上工作完毕后,立即密闭菇棚,进行熏蒸、消毒,方法参照四中所述进行。

六、播种

1．菌种选择

在播种前一天应对菌种进行最后一次检查,凡吐黄水或是菌丝萎缩、菌丝严重伸长,以及有绿色、黄色、黑色或桔红色等杂菌孢子的菌种,一律剔除不用。质量好的菌种应无病虫害,菌丝生活力强,色泽洁白,可有少量白色菌丝束,打开菌种瓶,可闻到浓烈蘑菇香味。麦粒种(500克/瓶)菌龄不超过40天(25℃左右培养),粪草种(500克/瓶)菌龄不超过50天。

2．菌种及用具消毒

播种前应先做好防止杂菌污染的工作。菌种瓶的外壁,盛菌种用的小盆,挖菌种用的铁钩、镊子等物及双手,均用0.1%高锰酸钾溶液洗干净,也可用75%酒精棉球擦洗消毒。在播种过程中,衣物、鞋、帽等要穿干净,用具和双手不可乱放乱摸。

3．播种

粪草料菌种,采用穴播法。在料面上每8厘米左右,用手指挖一小穴,塞进核桃大小菌种1块,在床面应露出少量菌种,播完后将料面轻轻拍平,使菌种紧贴培养料,一般每平方米插菌种 2 瓶(500 克/瓶)。

麦粒菌种,一般采取撒播法,先用 75% 的菌种,均匀撒在料上,用手或小耙轻抖使菌种嵌入培养料内,再将 25% 的菌种撒在表面,轻轻拍平料面。每平方米用菌种 1.5 瓶(500 克/瓶)。

播种完毕后,若料面较干可用地膜覆盖,若料较湿可用报纸覆盖。

七、发菌管理

播种后,前三天内,紧闭菇棚,以保湿为主,视空气情况稍作通风,以促进菌丝萌发吃料,遇高温(28~30℃以上)天气,应通风降温,夜间将通风口全部打开,防止菌丝闷热不萌发。三天后随着菌丝生长,逐渐加大菇房通风量,促进菌丝尽快在培养料中定值。正常情况下,播种 7~10 天,菌丝基本上长满料面。此时,每天均应揭地膜通风,菇棚通风口也应经常打开,降低空气湿度,使料面稍干,促进菌丝向湿度较大的料内生长,可缩短菌丝发到料底的时间,使菌丝抢先占领料层,抑制杂菌侵染孳生。菌种吃料后,如果发现生长不快,料色发黑、发黏,原因可能是料过湿,有氨气或厌氧发酵的结果,可以在床面背面戳洞"打秆"或用小耙撬松料面,增加料层通气性,排除有害气体,促使菌丝向内生长,发菌 18~20 天左右,菌丝吃料 2/3,接近料底时,应及时覆土。

八、覆土

播种结束后,就要着手准备覆土材料。覆土的土质以及消毒的好坏直接影响到出菇的迟早、产量高低、质量优劣。

1. 覆土土质的要求

蘑菇覆土应具有团粒结构,土质疏松,具有一定腐殖质含量,空隙大,有一定持水能力,通气性能好,不含有病原菌和害虫,呈弱碱性。

2. 覆土方式

北方土质多为壤土,尤其耕作层土壤符合覆土土质要求。因此,覆土方式采用粗细土分次覆土,个别有经验的高产菇房也采用粗细土混合覆土方式。

3. 覆土选取与消毒

取土要选择未施用过任何蘑菇废料的无污染源的菜园土或耕作地土,先挖去表层约 8cm 的表土弃用,然后挖取耕作层内 40cm 的土壤作为覆土,取土地点应远离菇场,若采用粗细土混合覆土方式,可一边挖取土,将土块打碎至 1.5cm 左右的土粒,一边喷洒 2%的甲醛与 500 倍敌敌畏消毒杀虫,然后堆积起来,用薄膜覆盖备用。若采用粗细土分次覆土方式,应提前将土块晒干,然后打碎制成粗细土,粗土制成 1.5cm 左右的土粒,细土制成 0.5~1.0cm 的土粒。

4.覆土方法

覆土前 1~2 天将料面整平,若料面较干,可喷施 3%石灰水调湿,这样覆土后,菌丝可很快返回到料面。同时向覆土层均匀喷入石灰水,调节酸碱度至 7.5 左右,覆土所用工具及双手都应用 0.1%高锰酸钾消毒。覆土分两次。第一次覆粗土或粗细混合土,厚度掌握在 2.5~3.0cm。七天左右再覆第二次细土,厚 1.0cm 左右,总厚 3.5cm。太薄调水时水分易渗透到料里,太厚透气性差,菌丝上土难,影响出菇。还应注意覆土薄厚要均匀,这样才能出菇整齐,产量集中。

九、覆土层发菌管理

1.粗细土混合覆土方式的水分管理

覆土结束后,就要对土壤进行调湿,调湿采取轻喷、勤喷的方法,在 2~3 天内迅速将土壤调湿,具体方法为每隔 2 小时向土面喷水,每次每平方米喷水量不超过 500 克,每次喷水后都要仔细检查看土层是否已吃透水分,切记不可水分过量,以免渗入料层,冲退菌丝,也不可造成土层上湿下干;土层含水量以手捏土壤成团、不板结、不粘手为宜。调水结束后早晚各通风 1 小时左右,降低室内湿度,让土表稍干于土层内部,可抑制杂菌滋生。以后每日视土层干湿情况,适当少喷勤喷调节湿度。

覆土后温度控制在 25℃以内,约 10~15 天,当菌丝快要长上土层表面时要用小耙将表土轻轻搔动一次(搔菌),这样可以促进菌丝横向生长,不冒上土面,防止过早扭结出菇、造成出菇不齐、密菇多。若发现菌丝冒出土表时,可加大通风量抑制菌丝徒长。

2. 粗细土分次覆土方式的水分管理

(1)粗土的调水

粗土调水应掌握先湿后干、下湿上干、内湿外干的原则。目的是促进料面菌丝迅速恢复生长,使之较快地长上粗土,并能深入到粗土粒的内部,为今后的持续出菇打下坚实的基础。

调水方法是:覆粗土后菇房通气12小时左右,即可开始喷水,第一次喷水量较少,以土皮见湿发亮为准,以后喷水量逐渐增加,约2小时后就可喷第二次水,待水分渗到粗土内,土皮不再发亮时可再喷水,一天喷水3～4次,气温较高时喷水最好在早晚进行。基本上在2～3天内将粗土水分调节好。调好的粗土潮湿、松软、无白心。北方空气较干燥,以后视土粒干湿情况每日或隔日喷水保湿。在调水期间为防止料内菌丝缺氧发生高温闷菌现象,要加大通风量。调水结束看到土表的水珠全部消失才可逐渐减少菇房的通风,夜间温度低要关闭所有门窗。

(2)细土的调水

覆粗土7天左右,菌丝已长到粗土缝隙中间时,就要及时覆细土。

细土的调水要求是先干后湿,逐渐调节,一般情况下,细土覆完,加大通风,轻喷勤喷,2天内逐渐将细土喷湿,但细土要求能捏得扁,湿润即可。若细土调水过急、过快、湿度过大,菌丝便会过早、过快的向湿度较大的细土层生长,造成菌丝徒长板结,出小菇、密菇。因此,细土调水后也应加大通风量,减少上述弊端的发生。

十、出菇管理

1. 喷结菇水

搔菌2～3天后,菌丝在土层中大量生长。并且普遍开始突出土表时,就要加大通风量2～3天,同时将温度降到20℃以下,促使绒毛状菌丝联结成线状菌丝,并扭结产生原基(菇蕾),此时就应及时喷结菇水。一般,每平方米用水2500毫升左右,分2天喷入,每天2～3次,每次约500毫升,达到土质能捏得扁,搓得圆。每次喷水后要大量通风,增加菇棚和土层中的氧气,排除CO_2,促进子实体的形成和生长,降低菇棚湿度,抑制土层菌丝向土面生长,达到促使菌丝定位结菇的目的。

2.喷出菇水

当子实体普遍长到黄豆大小时,需水量增多,就需喷出菇水,出菇水一定要掌握"轻喷、勤喷"的原则,用量为每平方米约 2500 毫升,分 5~6 次喷入。喷水后逐渐减少菇棚通风量,增加空气湿度,保持相对湿度 83%~90%,可使子实体生长快而结实,达到高产优质。一般小菇蕾抗力弱,喷雾加湿时,必须将喷头向上 45 度角,使雾状水薄薄落到菇蕾上,切忌直接冲到菇蕾或喷水过多,造成菇蕾死亡。

出菇期温度应控制在 23℃ 以下,温度较低、菇坚实、圆正、品质好。温度超过 23℃ 时,菇小、菇密易开伞,必须适时采收。

3.转潮管理

每潮菇采收结束时,应及时整理床面。剔除床面上的老根死菇,立即补覆湿润的细土。此时喷水量要相应减少,促进土层菌丝复壮,同时加大通风量;当有菇蕾产生时,逐渐加大喷水量,促使菇蕾大量产生并发育。采菇 1~2 潮后,有时床面会出现土层菌丝板结现象,应及时打扦松动土层,使板结的菌丝断裂,可促使转潮和出菇。

十一、采收

双孢蘑菇一般在现蕾后的 5~7 天,菇盖大小 3~4cm 左右,菌膜未破时采收。每天根据气温高低,可采收多次,采收时用手捏住菇盖,轻轻旋转采下,勿伤害周围小菇。丛生的密菇,用小刀小心切卜合格的大菇,留下小的,不可整丛拉动,否则未长大幼菇会全部死亡。

十二、越冬管理

冬季管理的主要目的是恢复并保持料内和土层中菌丝的活力,为出好春菇打下良好基础。一般情况下,出三潮菇后,气温逐渐降低,出菇逐渐减少,双孢菇的整个新陈代谢也随之减慢,对水分的消耗减少,土面的水分蒸发也减少,因此,为了保持土层内能有良好的透气性能,必须及时减少床面用水,才能改善土层内的通气状况,保持土层菌丝的生活力。在气温降至 10℃ 以下,床面上喷水则很少,使土层湿度降低,让其自然出菇,当气温降至 5℃ 左右时,每周只需喷水 1~2 次,保持土面不发白,稍湿润即可,同时加大通风,在料的背面打扦戳洞,增加料内菌丝的透气性,散发废气和代谢产物,使料内菌丝得以养息和复壮。在严寒天气还要加强保温措施,使之尽量不结冰。

十三、春菇管理

冬季结束,气温回升时,为使土层菌丝能够得以更好地恢复生长和发展,需要对土层进行一次全面的松动,剔除失去再生能力的老根和死菇,使土层内长期积累的废气和有害物质能得以彻底清除,同时补充水分,用好发菌水,保持土层湿润,促使菌丝尽快恢复,以利春菇发生。越冬春菇的菌丝生活力比秋菇有所降低,培养料内的养分也减少了,加上春季气候变化无常,气温忽高忽低,整个气温变化趋势是由低到高,这与蘑菇菌丝生长和子实体形成对温度的要求正好相反,一旦管理不当,容易造成菌丝萎缩、死菇或病虫害的发生。首先春菇调水需要轻喷勤喷,忌用重水,其次防止超过 20℃ 的高温。

第十四章　日光温室果树栽培技术

日光温室果树栽培一般选用货架期短、不耐储藏的白雪红桃、油桃、樱桃、葡萄等品种。

第一节　日光温室白雪红桃栽培技术

一、品种选择

白雪红桃营养丰富,香味诱人,含糖量高,是人们的绿色和保健食品,更是目前国内罕见的设施栽培大桃品种,其果品成熟期长达 210~230 天。小树大果,五年成树高 1.5~1.7 米,果品质优,果实底色白黄,上色后鲜红色,美观艳丽,果肉白色,具有野生桃的香味,含糖量18%~22%;具有成花容易,早果性能好、产量高的特点,平均单果重400 克,最大果重 1020 克;树形直立,自然结果率高;休眠期短。

二、育苗

桃树的砧木种子播种分春播和秋播两个时期。一般用野山核桃在露地按 15 厘米×30 厘米的株行距播种。到秋季能长到 80~100 厘米。把实生苗修剪到 10 厘米左右,休枝到春季进行嫁接。采集接穗应是生长充实的一年生长育枝。

三、定植

1. 定植时间
设施桃树定植时间以 3 月下旬至 4 月上旬为宜。

146

2. 定植方式及密度

南北行定植,双行和三行栽,两株间距 1 米左右,边行距北墙 80 厘米开始栽植每行的第一株,每行最南一株距前沿 60 厘米。定植前平整地面,并在距北墙 60 厘米处挖深、宽各 60 厘米的定植沟,沟长依温室跨度而定。底表土分放,回填时先填表土,后添底土,同时沟内混入优质有机肥每沟 100 公斤,复合肥 2 公斤,浇足水踏实后按株距、行距 1 × 1.2 米进行定植苗木,亩保苗 500～550 株;温室盆栽,每亩可放置 1100～1500 盆,盆土按 3:3:1 = 腐熟肥:园土:沙土混合。

四、管理技术

1. 休眠期至萌芽期

(1)修剪:首先去除旺枝、过密枝和病虫枝。各级主枝如果位置适宜可短截延长枝,已经交接适当回缩,促下部发出健壮枝条。

(2)温湿度管理:白雪红桃通过休眠最适宜的温度条件是 0～7.2℃。甘肃河西走廊地区 11 月中旬前后夜间温度已在 0～7.2℃,可以进行闷棚处理,即白天将棚膜和保温帘盖上,夜晚将保温帘和棚膜前端打开一个放风带。经过 30～40 天,基本可以满足目前设施桃树所选品种的低温要求,12 月下旬开始揭帘升温,夜间保温。白天最高温度不超过 28℃,夜间温度自然升高即可。

(3)棚膜选用:栽培白雪红桃应选用透光率高、升温快的无滴膜为宜。

2. 开花期管理

(1)温湿度管理:白天最高温度控制在 20～22℃,超过 25℃要放风降温。夜间 5～7℃,日平均气温在 12～14℃。空气湿度白天 50%～70%,夜间 80%～90%。

(2)修剪:此期修剪主要是去除双芽枝、过密枝。

3. 结果期管理

(1)疏果:设施桃树栽培由于树体矮小,营养积累少,结果量要适度。疏果一般分三次进行,第一次在开花后 15 天,即 4 月 25 日～5 月 5 日,主要疏除并生果、畸形果、小果、黄萎果、病虫果。第二次疏果是在能分辨出大小果时,即 5 月 20 日～5 月 25 日。在硬核前最后定果,最后定果时根据单产,算出每株产量,再根据品种果实大小计算相应个数,均匀着生于各结果枝上。定果后应及时套袋,可防止病虫鸟害,增进果实品质。套袋前进行一次病虫害防治,喷药后一周内套袋完毕,否则应补喷一次。套袋要先里后外、先上后下进行。

(2)温湿度管理:幼果期白天最高温度控制在 22～25℃,夜间温度控制在 5℃ 以上;接近成熟期白天最高温度控制在 28～32℃,夜间温度控制在 15℃ 左右。空气湿度白天 50%～70%,夜间 80%～90%。

(3)水肥管理:果实硬核期追肥以钾肥为主;采收前 20 天减少灌水量或停止灌水,以提高果实含糖量,促进果实着色。

(4)修剪:去除新梢顶部、背部过旺枝及下部结果不良的下垂枝,同时对枝梢过密的树体进行疏梢和摘叶,以使养分合理分配,内部光照良好,果实着色快。此外,要注意选留中下部位置适宜的枝条进行培养,使其成为下一年的结果枝组。如果此期生长过旺,可结合应用生长调节剂缓和树势。

(5)病虫害防治:果实生长期应做好病虫害防治工作。此期较易发生的虫害有蚜虫、叶螨、卷叶虫等,应及时防治。主要病害有桃细菌性穿孔病、桃炭疽病、缩叶病等。

4.桃树摘果后的管理

桃树摘果后,为增强树体营养积累,促进花芽分化,为来年多结果、结大果打下基础,应采取以下措施管理。

(1)病虫害防治:采果后的桃树,易受到病虫害的危害,应根据情况适时喷药防治,以保护叶片,增加树体营养的积累。一般对桃树穿孔病较重的果园,可用 50% 代森锌、65% 福镁锌可湿性粉剂或 1:4:240 硫酸锌石灰液喷雾防治。对桃一点蝉(俗称浮尘子),可选用 80% 敌敌畏乳油、50% 杀螟松乳油、20% 杀灭菊酯乳油喷雾防治。对于桃潜叶蛾,在前期没有防治彻底的果园,后期可喷施敌敌畏乳油或 50% 杀螟松乳油进行防治。

(2)加强整枝管理:桃树采果后要及时对桃树进行整枝管理,即剪除干枯枝、劈折枝;对于重叠枝、交叉枝的部分老弱枝组要适当回缩,疏除冠内过密枝、细弱枝及树冠上部挡风遮光的直立旺枝,以减少营养消耗,改善内膛光照条件。

(3)水肥综合管理

松土、施肥:桃树采果后应立即中耕松土除草。一般深锄 10～15 厘米。结合当地条件追施优质腐熟的有机肥和氮、磷、钾、微肥。

排水、覆草:桃树怕涝,雨季或浇水使桃园积水,应及时挖沟排出;果园覆草可增加土壤有机质、保持土壤疏松,促进桃树生长发育。

第二节　日光温室葡萄栽培技术

一、园地选择

一般选择土质疏松、排水良好、阳光充足的沙壤土地块为宜。

二、品种选择

一般要选择早熟性状好、品质优良、耐弱光、耐空气潮湿、休眠期短的品种。可选用品种为京亚、京秀、乍娜等。

三、定植

1.定植密度
株距 0.5～0.6 米,行距 1.8 米。

2.挖定植沟
定植前沿日光温室南北方向,按株行距大小挖定植沟。一般沟宽、沟深 0.5～0.6 米,然后在沟内亩填入充分腐熟的有机肥 5000 公斤和过磷酸钙 100 公斤,上面盖表土,然后浇水沉实。

3.定植时间
一般在 4 月上中旬进行定植。

4.定植方法
定植时挖 0.5 米见方的定植穴,然后将苗木放入,并使苗木根系舒展,最后浇水即可。

四、肥水管理

1. 施肥

(1)基肥:除定植时施入基肥外,每年秋季葡萄落叶前,即8月下旬到9月上旬前后,在葡萄两侧0.4~0.5米处挖0.4米深的施肥沟,亩施优质农家肥5000公斤,过磷酸钙100公斤。

(2)追肥:二年生以上植株每年追肥三次。第一次追肥在葡萄萌芽前进行,每株施尿素0.1~0.15公斤,以促进萌芽开花;第二次追肥在花后进行,每株施氮磷钾复合肥0.1~0.15公斤,以利于提高坐果率,促进幼果、新梢生长;第三次追肥在果实膨大期进行,每株施磷二铵0.1~0.2公斤,促进果实膨大。

2. 灌水

葡萄整个生育期需灌水5~6次。浇水应根据土壤、气候和葡萄生长发育情况,并结合前促后控的原则浇水,保证花芽分化。一般应浇好催芽水、催花水、催果水、果实采后水和落叶后地越冬水,葡萄开花期和果实成熟前一个月不能灌水。温室浇水应掌握在晴天上午进行,浇水与施肥结合进行。

五、整形修剪

1. 栽植当年整形修剪

一般采用篱架整形,即定植当年选留2~3条生长健壮的蔓做主蔓,当主蔓长到60~80厘米时摘心,除顶端一个副梢留3~5片叶反复摘心外,其余副蔓留1~2片叶反复摘心。冬季修剪时,主蔓在40~50厘米处进行短截。

2. 第二年修剪

第二年萌芽后,每条主蔓留2~3个健壮新梢作为结果枝组,每株留4~5果穗,果穗以上留5~8片叶进行摘心,果穗上部副梢留1~2片叶反复摘心,果穗以下副梢外部摘除。

六、温湿度管理

1. 休眠期

葡萄需要一定的低温时间才能正常发芽、生长,一般在 11 月上旬前后进行扣棚,再盖上草帘。

2. 催芽期

初期温度白天保持在 15~20℃左右,夜间保持在 10~15℃,最低不低于 3℃;一周后逐渐提高温度,温度白天保持在 20~25℃左右,夜间保持在 15℃左右,最低不低于 5℃。空气湿度保持在 80% 以上。

3. 新梢生长发育初期

温度白天保持在 20~25℃,夜间保持在 15℃左右,最低不低于 10℃;空气湿度保持在 60% 左右。

4. 开花期

温度白天保持在 20℃左右,夜间保持在 5~10℃,夜间不低于 5℃;开花期不能灌水,空气湿度保持在 50% 左右,以利开花和授粉。

5. 果实膨大期

温度白天保持在 20~25℃,夜间不低于 15~20℃。当外界气温稳定在 10℃以上时,即 6 月初可以揭取棚膜。空气湿度保持在 60% 左右。

6. 着色期

温度白天保持在 28~30℃,夜间保持在 16~18℃。空气湿度保持在 50% 左右。

七、光照管理

葡萄是喜光植物,对光照很敏感。除选择透光好、不吸尘、无滴的醋酸乙烯(EVA)棚膜外,还应采取以下措施。

1. 适当提早揭帘、晚盖帘,增加温室葡萄光照时间,阴天只要未下雪,坚持揭帘,充分利用散射光。

2. 温室内挂反光幕,地面铺设反光膜均可达到增强光照的目的。

3. 保持棚膜干净,增加光照,提高光照利用率。

八、气体调控

日光温室是一个相对封闭的保护设施,二氧化碳匮缺现象时有发生,必须通过放风等措施来补充室内二氧化碳的不足。另外还可通过采用增施有机肥、固体二氧化碳肥来增加空气中二氧化碳的含量。

九、病虫害防治

日光温室葡萄主要病虫害有霜霉病、白粉病、叶螨等。在病虫害防治上最好采用预防为主的措施,即在葡萄萌芽前喷 1 次 5 波美度石硫合剂,花前喷一次 200 倍等量式波尔多液,落花后喷一次半量式波尔多液。

1. 霜霉病:用 5% 百菌清粉尘剂喷粉,或 45% 百菌清烟剂熏烟;发病前或发病初期,可选 72% 克露可湿性粉剂、68.75% 银法利悬浮剂、72.2% 普力克水剂、37.5% 冠军乐悬浮剂、70% 安泰生可湿性粉剂等药剂喷雾防治。

2. 白粉病:可用 25% 金力士乳油、75% 达科宁可湿性粉剂、25% 百理通(粉锈宁)可湿性粉剂等药剂喷雾防治,7~14 天喷一次,共喷 3~4 次。

3. 灰霉病:用 40% 施佳乐(嘧霉胺)悬浮剂、50% 扑海因可湿性粉剂或 50% 速克灵可湿性粉剂、37.5% 冠军乐悬浮剂,于葡萄花托脱落、葡萄串停止生长、成熟开始和收获前三个星期各施一次药。如将施佳乐和扑海因等不同类型药剂轮换使用,效果更好。

4. 黑痘病:葡萄开花前、或落花后及果实至黄豆粒大小时,可用 37.5% 冠军乐悬浮剂,或 40% 福星乳油,或 70% 纳米欣可湿性粉剂,或 52% 克菌宝可湿性粉剂等轮换喷雾防治。

5. 叶螨:危害早期用 24% 螨危悬浮剂、73% 克螨特乳油或 15% 哒螨灵可湿性粉剂等轮换喷雾防治。

第十五章　日光温室鲜切花栽培技术

第一节　日光温室切花玫瑰栽培技术

一、土壤准备

切花玫瑰的栽培周期一般为 4～5 年甚至更长。因此,应选择透气、排水良好、具有团粒结构的肥沃疏松中性壤土。在定植前要进行土壤消毒,消毒可用福尔马林、敌克松、呋喃丹等药剂。消毒结束后在准备起垄的位置开沟,沟宽 50 厘米,深 50 厘米,在沟中填入 30 厘米深的基肥(每亩施 10 方腐熟的有机肥和 200 公斤的磷肥),然后将地整平。

二、起垄定植

日光温室切花玫瑰采用高垄栽培。垄宽 50 厘米,沟宽 70 厘米,垄高 30 厘米。在垄上定植 2 行,行距 30 厘米,株距 25 厘米。定植后要浇定根水,定根水中配上一定量的杀菌剂,一棵一棵浇透,定植后及时覆盖遮阳网,通风口覆盖防虫网。

三、定植后的管理

1. 温度、光照管理

玫瑰性喜温暖,适宜生长的温度为白天 15～26℃,夜间 12～16℃,最适宜的白天温度是 20～25℃(缓苗期为 18～22℃),夜间温度为 14～16℃,30℃ 以上生长和开花不良,低于 5℃ 时停止生长。土温对玫瑰的根系发育有影响,一般保持在 18℃ 左右最好。光照时数每天不少于

6 小时,为使光照均匀可使用反光膜。

2．水分管理

玫瑰喜湿,平时应保持土壤湿润(含水量在 70％左右),但忌土壤积水。湿度过大,会引发病害,浇水时土温与水温最好不要相差 5℃,否则容易损伤根系。另外,夏季可用勤浇水来降低温度,温室中还可采用沟中铺麦草的方法来保温保湿,还可在室内释放 CO_2,提高产量。

3．施肥管理

玫瑰施肥要薄肥勤施,在苗期对氮肥需求多一些,产花期对磷肥需求多一些,总体上氮∶磷∶钾＝1∶1∶2 或 1∶1∶3。

(1)苗期:苗期是指缓苗结束到留下切花枝以前这段时间,大约三个月左右,这个阶段施肥要小肥勤施,每 20～25 天施肥一次,以氮肥为主,每亩每次不超过 15 公斤。叶面喷肥 10 天一次,用 0.2％～0.3％的尿素溶液加入一定量的磷、钾肥及微量元素。

(2)产花期:产花期每隔 15～20 天地面追肥一次,每次每亩不超过 20 公斤,每次剪取切花后还应追施一定量的有机肥。

(3)植株管理:新枝长到大约 40 厘米,花苞露色时,应摘除花苞,将枝条压到垄两侧固定的铁丝下面,之后长出的枝条也用同样的方法管理,大约三个月左右有三个枝条被压下做为营养枝之后,再长出的枝条周径大于 0.6 厘米时,可留作切花枝。之后应及时打掉下压枝上的新芽和花苞及切花枝上的侧芽侧蕾(这项工作应在早晨做)。切花枝上出现花蕾时应及时套袋。第一枝切花采收时应留 10 厘米左右的枝干,第二、三枝切花采收时应留 2～3 厘米枝干。经过几次剪切之后,一般每株留 6 个产花母枝,即可保证今后有很好的产量。

四、病虫害防治

温室内玫瑰常见的病害有白粉病、霜霉病等,虫害有红蜘蛛、蚜虫、白粉虱等,应采用有效药剂进行熏蒸或喷雾防治。

1．白粉病:发病初期用 25％金力士乳油、75％达科宁可湿性粉剂或 25％百理通(粉锈宁)可湿性粉剂喷雾防治,7～14 天喷一次。

2．霜霉病:用 72％克露可湿性粉剂、72.2％普力克水剂或 70％安

154

泰生可湿性粉剂喷雾防治。

3.红蜘蛛:危害早期用24%螨危悬浮剂、73%克螨特乳油或15%扫螨净(哒螨灵)可湿性粉剂喷雾防治。

4.蚜虫:可用2.5劲彪乳油、50%辟蚜雾(抗蚜威)可湿性粉剂或10%吡虫啉可湿性粉剂喷雾防治。

5.白粉虱:可用25%阿可泰水分散粒剂或10%噻嗪酮乳油喷雾防治。

五、切花收获及处理

1.适时采收

当最外层的2~3片花瓣外翻时及时采收。

2.采后处理

(1)采后的花枝应立即从温室中转移到分级室内,置于5~6℃的温度下冷藏,或立即将花梗基部浸入清水中,待吸足水分后取出分级。码放切花的地面上应铺竹帘等物,以保持花朵的清洁。

(2)去掉下部叶和刺,一般留叶3~8片。按花色、品种分类、分级后,每10枝或20枝绑扎成束,再用软纸板把花头包好,以防运输时受损。

(3)月季切花采收后,应立即将花梗基部放入清水中浸泡2~4小时。然后在基部"水切"5厘米左右,最后冷藏运输。

六、分级标准

一级品:枝条长80厘米,花色鲜艳,花朵圆、大,花心整齐,不变色,无双心,叶片正常,无病虫害的危害,枝条均匀。
二级品:枝条长70厘米,其余条件同上。
三级品:枝条长60厘米,其余条件同上。

第二节 日光温室切花康乃馨栽培技术

一、土壤准备

康乃馨喜保肥、通气、排水良好、腐殖质含量丰富的黏质土壤,最适宜的 pH 值为 6～6.5。康乃馨在定植前要用福尔马林、敌克松、五氯硝基苯等杀菌剂或敌百虫等杀虫剂中的任意一种进行土壤消毒。消毒完后结合整地,每亩施入不少于 10 方的腐熟的有机肥,并配以 200 公斤磷肥作基肥一次施入。

二、起垄定植

康乃馨要采用垄沟式栽培。垄宽 100 厘米,垄高 15 厘米,沟宽 40 厘米。在垄上定植 4 行,行距 25 厘米,株距 10 厘米,每平方米定植 25～28 株为宜。边定植边用洒壶来回浇水。康乃馨定植后长出的幼苗易倒伏,而且侧枝开始生长后,整个植株就张开,外面的枝卷曲而妨碍发育,因而要在定植前提前张挂 3～4 层定植网,随着枝株长高,顺次拉起定植网,每层网之间距为 30 厘米,最下一层距地面 25 厘米时即可。经常把茎拢到网格中,保持茎的伸直生长。定植深度以刚把根埋住为宜。

三、定植后的管理

1. 温度

康乃馨生长的最适温度为白天 16～22℃,夜间 10～16℃,昼夜温差保持在 10℃之内。

2. 浇水

当定植缓苗后,要适当减少浇水量,进行 2～3 次"蹲苗",促进植株根系向土壤下层发展,形成健壮的根系。在生长旺盛时期可适当增加浇水量,但在低温时浇水量要严加控制。

3. 追肥

康乃馨除了施足基肥外,还要经常追肥,追肥则要薄肥勤施,以氮磷钾三元复合肥为主。每隔 2～3 周施用一次。

4. 光照

康乃馨为中日照性植物,但白天加长光照时间或夜间补充光照,能加强光合作用,有利于增加营养生长,促进花芽分化,提早开花,提高产花量。在光照强时,需要在上午 11 时至下午 3 时进行遮荫,以提高切花质量。

5. 通风

康乃馨比较喜欢干燥的空气环境。因此,良好的通气条件是康乃馨生产中不可缺少的。

6. 摘心、疏芽

摘心是康乃馨栽培的基本技术措施。通常从基部向上第 6 节处,用手摘去茎尖。注意要捏住下部茎,以防将根系从土壤中拔起或在其它位置折断。在种植后 4～6 周,下部叶的侧芽长约 5 厘米时,进行摘心为好。

四、病虫害防治

康乃馨的病害主要有枯萎病、锈病、枝腐病等侵染性病害和花萼破裂、花头弯曲现象、缺硼症等生理性病害。虫害主要有红蜘蛛、蚜虫、蓟马、蝼蛄等,针对这些病虫害,尽量采用物理防治的方法,在用化学方法防治时,要用水剂农药,避免用粉剂或乳剂,以防在叶面形成斑点或污渍,影响花的外观。

1. 枯萎病:病菌可借插枝传播,扦插繁殖时须从无病植株上选剪枝条;发现病株应及时挖除烧毁,如系零星发病,可将病穴更换新土,或用 0.1% 福尔马林对土壤消毒;在初见病株时,用 50% 多菌灵可湿性粉剂或 50% 苯来特可湿性粉剂灌注植株根部周围土壤,每隔 10 天左右灌 1 次。

2. 锈病:发病初期喷洒 12.5% 速保利或 25% 敌力脱乳油 3000 倍液,隔 10 天左右喷 1 次,连续 2～3 次。

3.枝腐病:发现病枝随时剪除、烧毁;栽植密度不宜过密,注意通风透光,创造凉爽的环境;发病初期可用53.8%可杀得干悬浮剂或14%络氯氨铜水剂喷雾防治。

4.红蜘蛛:清除枯枝落叶和杂草,以减少翌年螨源;发生早期用73%克螨特乳油,或24%螨危悬浮剂喷雾防治。花蕾形成后喷雾用药最好选用水剂农药。

5.蚜虫:用25%阿克泰水分散粒剂或10%吡虫啉可湿性粉剂喷雾防治。

五、切花收获及处理

1.适时采收

当外层花瓣已张开,与花茎近成直角时为适采期。由于花枝往往需要贮藏、中转、处理等,因此,比较合适的采收时间是花朵花瓣呈较紧裹的状态,花瓣的露色部位长1~2厘米左右。多头型康乃馨,则宜在2朵花开放,其它花蕾显色时采收。

2.采后处理及保鲜

用锋利刀或剪刀剪下花枝。剪口部位既要考虑到切花花枝的长度,又要考虑下一茬花枝有足够发侧枝的部位。剪下的花枝,要尽快送到冷库中进行分级和绑束。将康乃馨按不同长短及质量分级后,同级花按10枝、20枝或30枝绑成1束。绑束后,将花基末端剪齐,然后将茎端放入盛有37℃保鲜液的塑料桶中浸泡2~4小时,在室温21℃条件下进行预处理。然后转移到0~2℃的冷库中贮藏。

六、分级标准

一级品:枝条长80厘米,花苞大,无病虫害,枝条均匀,花苞与枝条呈90°角。

二级品:枝条长60厘米,花枝硬,花苞大,无病虫害,枝条均匀,花苞略弯。

三级品:枝条长45厘米以上,颜色亮丽,无病虫害,花枝、花苞略弯。

第三节　日光温室切花菊花栽培技术

一、土壤准备

菊花喜肥沃及排水良好的砂质壤土,适宜土壤 pH 值为 6.5~7.2。栽种前先进行土壤消毒,消完毒后结合整地,每亩施入腐熟的有机肥 10 方以上和过磷酸钙 200 公斤,深翻土壤后耙平。

二、起垄定植

温室菊花常采用垄沟栽培,垄宽 100 厘米,垄高 15~20 厘米,沟宽 40 厘米。秋菊定植的适期在 5 月中下旬至 6 月初。定植的株行距为 20×15 厘米。大花型应适当稀植,中花型可密些,独本型种植密些,多分枝型稀一些。寒菊定植的适期为 7 月下旬至 8 月上旬。定植的株行距为 20×15 厘米。夏菊定植的适期在 11 月上旬,种植密度根据品种和开花期而定,如果早产花,不进行摘心,可以密植,株行距为 10 厘米左右。如果正常在 4 月以后产花,株行距为 20×15 厘米。大花型适当稀植,小花型可适当密植。

三、定植后的管理

1. 温度

秋菊在生长期间,温度不宜超过 30℃,否则开花不整齐,甚至不形成花芽。寒菊在生产中,最适宜的温度,夜间最低温度为 10~15℃,白天 20℃左右。温度的高低直接影响花蕾发育,可以通过调节温度来决定上市时间。夏菊在栽培温室内的温度应控制在 2~10℃,翌年 3 月以后温度上升到 15~20℃,同时加强水肥管理,5 月初即可产花。如果将夜温提高到 10~15℃,促进花芽分化,就能提前到 3 月采花。切花采收之后,对植株进行平茬,加强水肥管理,还可继续开花,花期可一直持续到 11 月。

2．水分

土壤水分多少,对菊花花芽发育及开花也有影响,水分充足可以加快花蕾发育,反之则减缓花蕾发育。

3．追肥

菊花喜肥,在整个生育期内需要大量养分供应生长需要。除施足底肥外,还要根据不同季节、不同发育时期,适时适量追肥。秋菊生长初期,应追施含氮量高的肥料,施肥量要少,最好结合浇水进行。以后随着植株的生长,逐渐增加施肥量和次数,并且在高温季节应掌握薄肥勤施的原则,否则易造成烧根现象。在菊花生长后期,进入花芽分化和孕蕾阶段,应增施磷钾复合肥。每周用 0.2%～0.5% 的磷酸二氢钾或硝酸钾和 0.1% 尿素溶液喷施,可以促使花色鲜艳,生长健壮。寒菊和夏菊的施肥同秋菊。

4．摘心

秋菊定植缓苗后,应及时进行一次摘心,只留最下部 5～6 片叶。摘心后腋芽很快萌发,形成多个分枝,要根据产花数量及时整枝,选留5～6 个生长健壮、长势均匀的分枝,其余全部去掉。当各分枝上抽生侧枝时,要随时摘除。现蕾后,独头型品种应将主蕾以下所有侧蕾及时削除,保证主花蕾获得充足养分;多头型品种则要求去掉下部侧枝,上部保留全部侧枝和花蕾,并适时将中央冠芽摘除,保证其它花头整齐丰满。寒菊若定植的是早期扦插苗,通常摘心 2 次,第一次在定植 10～15 天后进行,留 4 片叶左右;第二次在 8 月中旬左右摘心,可在 12 月采花。如果在 1～2 月采花,最后摘心时期应在 9 月上中旬。同时摘心后 10～15 天,在夜间补光 2～3 小时,以防止花芽分化。在 10 月上、中旬结束补光之后,花芽开始分化。夏菊的摘心可参考秋菊。

5．其它管理

菊花在生长前期,需要多次中耕除草,以防杂草生长迅速,影响菊花的发育,一直到菊花封垄后停止。为了防止植株倒伏或折断,可以在植株长至 30 厘米左右时,架设 1～2 层尼龙网,并随着植株生长的高度随时加以调整。

四、病虫害防治

1．叶斑病：发病前用 25％阿米西达悬浮剂、75％达科宁可湿性粉剂喷雾预防；发病初期用 10％世高水分散粒剂、12.5％烯唑醇可湿性粉剂、70％纳米欣可湿性粉剂或 50％甲基硫菌灵可湿性粉剂喷雾防治，隔 10 天喷一次，交替用药 2～3 次。

2．黑斑病：发病前用 25％阿米西达悬浮剂、75％达克宁可湿性粉剂喷雾预防；发病初期用 70％代森锰锌可湿性粉剂或 36％甲基硫菌灵可湿性粉剂喷雾防治，10 天左右喷一次，连喷 2～3 次。

3．白粉病：用 25％金力士乳油、40％福星乳油、10％世高水分散粒剂或 75％达克宁可湿性粉剂喷雾防治，7～14 天喷一次。

4．锈病：出现中心病株后，及时用 25％金力士乳油、25％百理通可湿性粉剂或 12.5％烯唑醇可湿性粉剂喷雾防治，7～10 天喷一次。

5．蚜虫：用 10％吡虫啉可湿性粉剂，或 2.5％天王星（联苯菊酯）乳油，或 25％阿克泰水分散粒剂喷雾防治。

6．红蜘蛛：为害早期用 73％克螨特乳油、1.8％甲胺基阿维菌素苯甲酸盐乳油或 15％哒螨灵可湿性粉剂等轮换喷雾防治。

五、切花收获及处理

1．适时采收

大花型菊花宜在花心绿色消失时采收，小花型菊花宜在 50％小花盛开时采收。采收尽量在清晨或傍晚进行，以利于切花保鲜。

2．采后处理

采收时，切枝位置应距离地面 10 厘米以上，避免切到不易吸水的木质化组织，并保证地下部分能很好生长，抽生脚芽。采后尽快运到冷凉处，进行整理分级，去掉下部 1/3 的叶片，并分级绑扎。大花型 10 枝或 20 枝 1 束，小花型 250～300 克 1 束。将大花型的花头用塑料袋套起来，然后把花枝插入保鲜液中，在 0～2℃的冷室内预冷，使之充分吸水，待花枝硬实后装箱，放在 -0.5℃的冷库中进行干贮，相对湿度维持在 80％左右，可贮存 6～8 周。干贮后的花枝再切去茎基部 2 厘米，在

4~8℃条件下将花枝浸在38℃水中,使其吸足水分,这样在2~3℃条件下还可贮藏2~3周。

六、分级标准

一级品:整体感、新鲜程度极好,花形完整优美,花朵饱满,外层花瓣整齐,最小花直径14厘米,花色鲜艳、纯正,带有光泽。花枝坚硬、挺直,花颈长5厘米以上,花头端正,长度85厘米以上。叶片厚实、分布匀称,叶色鲜绿、有光泽。

二级品:整体感好,新鲜程度好,花形完整,花朵饱满,外层花瓣整齐,最小花直径12厘米,花色鲜艳、纯正,花枝坚硬、挺直,花颈6厘米以内,花头端正,长度75厘米以上,叶片厚实、分布匀称,叶色鲜绿。

三级品:整体感一般,新鲜程度好,花形完整,花朵饱满,外层花瓣有轻微损伤,最小花直径10厘米,花色鲜艳,不失水,略有焦边,花枝挺直,长度65厘米,叶片厚实,分布稍欠匀称,叶色绿。

第十六章 日光温室有机生态型
无土栽培技术

第一节 有机生态型
无土栽培技术特点

有机生态型无土栽培技术是指用基质代替天然土壤,使用有机固态肥并直接用清水灌溉作物代替传统营养液灌溉植物根系的一种无土栽培技术。有机生态型无土栽培技术针对传统化学营养液无土栽培的缺点,采用有机固态肥取代化学营养液,将有机农业成功导入无土栽培,在作物整个生长过程中只灌溉清水,突破了无土栽培必须使用化学营养液的传统观念,使一次性投资较最简单的营养液基质槽栽培降低45.5%,肥料成本降低53.3%。目前用有机生态型无土栽培番茄每亩年产量超过 20 000kg,最高产量达到 22 187.78kg,达到目前国内最高产量水平,并且大大简化了无土栽培的操作管理规程,在"简单化"的基础上实现了施无土栽培肥管理的"标准化",使无土栽培技术由深不可测变得简单易学,实现了无土栽培管理的"傻瓜化"。

有机生态型无土栽培技术能够充分利用农业生态系统中可不断再生的丰富廉价及废弃资源,如玉米秸、锯末、菇渣、炉渣等作为基质,无害化鸡粪等作为肥料来源,并能够有效降低产品硝酸盐的含量,大大提高农产品品质,符合我国"绿色食品"的施肥标准。

有机生态型技术无土栽培作为现代农业高新技术,除了克服传统化学营养液无土栽培的缺点外,同时保持了无土栽培的优点——不受地域限制、有效克服连作障碍、有效防治地下病虫害、节肥、节水、省力、高产等特点,操作管理简便,节省生产费用。

目前我国农业的现状是人均耕地少、水资源紧缺,温室蔬菜生产的现状是品质差、产量低、安全性缺乏保证等,而有机生态型无土栽培技术的大力推广将有利于开发荒地、盐碱地、废矿区和中低产田改造,提高我国土地资源和水资源的利用率,有利于缓解经济价值较高的园艺作物与粮食作物争地的矛盾。同时还将大大提高老菜区蔬菜的品质、产量,降低农药施用量,提高蔬菜安全性,促进农民增收。因此本技术利国利民,值得推广。

第二节　有机生态型无土栽培技术要点

一、前期设施准备

1. 栽培槽。温室内北边留 80 厘米做走道,南边余 30 厘米,用砖垒成内径宽 48 厘米的南北向栽培槽,槽边框高 24 厘米。用三层砖平地叠起,砖与砖之间不用泥浆。槽距 72 厘米;或按 48 厘米宽在地上挖深 12 厘米的槽,边上垒 2 层砖成半地下式栽培槽。为防止渗漏并使基质与土壤隔离,槽基部铺一层 0.1 毫米厚塑料薄膜,膜边用最上层的砖压紧即可。膜上铺 3 厘米厚的洁净河沙,沙上铺 一层编织袋,袋上填栽培基质(栽培基质:草炭:炉渣:有机肥 = 3:6:1)。

2. 灌水设施。应具备自来水设施或建水位差 1.5 米的蓄水池,以单个棚室建成独立的灌水系统。除外管道用金属管,棚内主管道及栽培槽内的滴灌带均可用塑料管。槽内铺滴灌带 1~2 根,并在滴灌带上覆一层 0.1 毫米厚的窄塑料薄膜,以防止滴灌水外喷。

3. 栽培基质。有机基质的原料可用玉米秸、菇渣、锯末等,使用前 15 天基质堆 20~25 厘米厚,喷湿盖膜以消毒灭菌,并加入一定量的无机物,如沙、炉渣等。一般混合基质采用煤矸石:锯末:玉米秸为 1:2:2。1 立方米基质中再加入 2 公斤有机无土栽培专用肥,10 公斤消毒鸡粪,混匀后即可填槽。每茬作物收获后可进行基质消毒,基质更新年限一般为 3~5 年。

二、品种选择

进行有机生态无土栽培一般选择茄果类的番茄、辣椒、茄子、人参果等作物。

三、无土育苗

选好种子后先进行浸种催芽,当大部分种子露白后即可播种育苗。为育出高质量的无病虫健壮幼苗,应采用人工无土穴盘育苗法。即先按草炭:蛭石为 3:1 配好基质,1 立方米基质中再加入 5 公斤消毒鸡粪和 0.5 公斤蛭石复合肥,混匀后填入 72 孔育苗穴盘,每孔一粒,上覆蛭石 1 厘米,盘下用塑料薄膜与土壤隔开。出苗前温度保持 25~30℃;出苗后温度白天 22~25℃,夜间 10~15℃,苗盘保持湿润。约 30 天,苗 3~4 片真叶即可出盘定植。

四、定植

幼苗长至 5~7 片真叶,苗龄 30~40d 时定植。定植前先将基质翻匀整平,每个栽培槽内的基质进行大水漫灌,使基质充分吸水,水渗后按每槽两行调角扒坑定植,基质略高于苗坨;行距 30 厘米,株距 27~30 厘米,每亩定植 3000 株。栽后轻浇,以利基质与种苗根系密接。

五、定植后的栽培管理技术

1. 水分管理。应依据植株长势、环境因子和基质情况及时调整灌水量及次数,保持基质含水量在 60%~85% 之间。前期气温高,一般每天浇水 1 次,后期气温偏低,可每 2 天浇水 1 次;成株期每株每次浇水量 0.7~0.9L。开花坐果前少浇,结果盛期多浇,后期少浇;高温天气多浇,冷凉天气少浇,阴雨雪天气停浇。

2. 肥料管理。追肥一般在定植后 20 天开始,此后每隔 10 天追 1 次烘干鸡粪,每次每株追 15g,坐果后每次每株追 25g。将肥料均匀撒在离根茎 5cm 外的周围。若植株出现缺素症,视具体情况追施速效无机肥。坐果后温室内增施 CO_2,早晨揭苫后 30 分钟开始施放 CO_2,晴天持续施放 2 小时以上并维持较高浓度,至通风前 11 小时停止,阴雨无日光天气应停止施放。

3. 温度管理。定植后至缓苗期,适宜昼温为 30～35℃,夜温为 20～25℃;缓苗结束至开花结果期,适宜昼温为 20～25℃,夜温为 16～18℃。前期以遮光降温为主,结果后期做好保温工作,防止夜温过低而影响果实的成熟和转色。

4. 吊蔓与整枝打杈。当 6～7 片叶时,每株用一根聚丙烯塑料绳吊蔓,绳上部固定在棚架铁丝上,下部系在茎基部,茎蔓与吊绳相互缠绕,保持直立生长。一般采用单干整枝,即只保留主轴生长结果,摘除全部叶腋内的侧枝。为保证植株生长健壮,打杈应在侧枝 10～15 厘米长时进行。

5. 保花保果与疏果。番茄温室栽培中,湿度大,温度低,不易受精结果。可于早晨 7～9 时,用 10～15 毫克/公斤的 2.4 - D 或 25～35 毫克/公斤的番茄灵蘸花,以提高坐果率。为确保果大质优,均匀一致,每穗果应保留 3～4 个,其余畸形花果、小花果及时疏除,以免消耗养分。

6. 病虫害防治。以农业防治、生物防治为主,化学防治为辅。采用化学防治时,选择低毒低残留农药,确保产品不受农药污染。

六、采收

果实进入自熟期后即可准备采收上市。采后即上市销售的,可在成熟期果着色较好时采摘;隔天上市的可在变色中期采收;如需长途贮运,应根据贮运时间在果实自熟期用 1000 毫克/公斤的乙烯利催熟或不催熟采收,并去掉果柄,以防运输中把果实扎坏。

第十七章　无公害蔬菜生产技术规程

一、土壤有害生物的生态调控

1. 轮作倒茬　建立适合本地区生产的日光温室科学轮作倒茬制度。根据市场需要调整蔬菜种植结构,避免作物连茬种植,实行茄科、十字花科、葫芦科蔬菜的三年轮作。周年生产作物结构难以调整的可实行以温室为单位分 3 个或 4 个小区种植。

2. 土地深耕深翻　作物收获后及时用人力深翻土地,深度达到 40 厘米以上。

3. 增施有机肥培肥土壤结合深翻每亩施入经高温堆制的有机肥 5000～10000 公斤,配合 100 公斤油渣,分层施入。

4. 播前结合土地翻犁施入适量的生物钾肥、生物菌肥、酵素菌肥。

5. 土地覆膜高温灭菌　在作物收后利用夏季高温时期翻压麦草 500 公斤以上,筑埂灌水后覆膜,使地表温度达到 50℃以上,经 15～20 天高温处理,可有效杀灭土壤中的病原菌、线虫等有害微生物。

二、土壤、温室和种子消毒处理

1. 土壤药剂消毒　幼苗定植前每平方米用 50% 多菌灵可湿性粉剂 8 克兑水 2 公斤,先拌入 3 公斤细绵沙中,拌匀后再掺入过筛的细绵土 5 公斤,掺拌 12 次以上混匀后,1/3 施入定植沟内,2/3 撒在幼苗周围表土,或用 4% 疫病灵颗粒剂每平方米 30～40 克苗床消毒预防疫病发生。

2. 温室消毒　温室内育苗前封闭温棚进行高温闷棚,室温达到 45℃以上,连续闷棚 5～6 天,然后降温育苗,或每平方米用 75% 百菌清可湿性粉剂 1 克加 80% 的敌敌畏乳剂 0.1 克拌入 1 公斤锯末,点燃熏蒸 24 小时,然后通风育苗或定植。

3．种子消毒　播前进行温烫浸种,西瓜种子 55℃ 温水浸种 30 分钟;黄瓜种子 55℃ 温水浸种 15 分钟,降温至 30℃ 浸种 4 小时;黑籽南瓜 50℃ 温水浸种 10 分钟,降温至 30℃ 浸种 48 小时;西葫芦 55℃ 温水浸种 15 分钟,降温到 30℃ 浸种 8 小时;番茄 55℃ 温水浸种 15 分钟,降温至 30℃ 浸种 6 小时;茄子 55℃ 温水浸种 15 分钟,降温至 30℃ 浸种 8 小时。温烫浸种加水量为种子重量的 5～6 倍。

药剂浸种,未经过温烫浸种的种子播前必须进行药剂处理。黄瓜种子用 50% 多菌灵可湿性粉剂 500 倍液浸种 6 小时,预防枯萎病;番茄种子用 40% 磷酸三钠 10 倍液浸种 20 分钟,预防病毒病;或用 40% 福尔马林 150 倍液浸种 60 分钟预防早疫病;茄子种子用 40% 福尔马林 300 倍液浸种 30 分钟,预防早疫病和褐纹病。药剂浸种前种子先用清水浸泡 2～4 小时再进行药剂浸种,药剂处理后应用清水将种子冲洗干净,晾干后备用,防止产生病害。

三、栽培技术

1．选用抗病或耐病品种　黄瓜选用津优 4 号、甘丰 18 号、迷你 2 号等品种。番茄选用佳粉 15 号、保冠 1 号、中杂 9 号、同霞光等品种。茄子选用辽茄 3 号、吉茄 1 号、紫阳长茄、快圆茄等品种。辣椒选用大羊椒、陇椒 2 号等品种。番瓜选用早青 1 代、玉帅等品种。

2．培育壮苗　采用营养钵或纸筒育苗,用田园土 2 份,细绵沙 2 份,腐熟的有机肥 1 份过筛混合均匀,加入适量水,使相对含水量达到 75% 左右,装入营养钵或纸筒内封底后装入育苗畦播入覆土。茄果类定植前用病毒 A1000 倍液 + 高锰酸钾 1000 倍液混合(10 公斤水各加 10 克)喷布预防病毒病。

3．嫁接防病　黄瓜用黑籽南瓜作砧木,西瓜用瓠瓜作砧木,茄子用野生茄作砧木,进行嫁接。

4．定植前严格挑选无病虫、生长健壮苗,淘汰病苗和弱苗,整体带土移栽,严防损伤根系。

5．培垄膜种植　膜下微灌,黄瓜、西瓜、番瓜、番茄、茄子、辣椒等

168

作物均应实行培垄栽培。按 110~130 厘米间距作垄,垄高 15~20 厘米,沟宽 45 厘米,垄背宽 65~80 厘米,中间开成暗灌沟覆膜后在垄背两侧定植。

6．配方施肥 日光温室蔬菜配方施肥法是建立在利用土壤资源生产潜力的基础上,达到产出与投入养分的收支平衡,通过施肥补充土壤当季养分供应不足,充分发挥所施肥料的效益,根据各种蔬菜养分需要量,以及每种作物的预计产量,确定实际施肥量。施肥技术上要求以有机肥为主,底肥为主,追肥宜在收获前 15~20 天进行。有机肥必须经高温发酵无害化处理后施用,严禁施用有污染的厂、矿、企业、城市废料。

7．科学灌水 育苗期严格控制灌水,培育壮苗,防止徒长。茄果类蔬菜从播种至分苗一般不灌水或少灌水;黄瓜、西瓜定植后开花期不灌水,开花坐瓜后开始灌水;番茄坐果后第一果穗果实核桃大时再灌水,茄子幼果露出萼片,圆茄枣儿大,长茄 4~6 公分时灌头水;辣椒幼椒膨大生长正式灌第一次水。膜下沟灌、小水渗灌,严禁大水漫灌淹垅。冬季温室灌水一般选择在晴天上午,阴雨天和晚上不宜灌水。灌水后立即封闭温室,迅速提高气温,以气温促地温,地温缓解后应及时放风排湿。

四、生态防治

1．生物防治 20% 齐墩螨素 1500 倍液或 1.8% 集琦虫螨克乳油3000 倍液防治斑潜蝇、白粉虱、蚜虫、小菜蛾、叶螨等害虫,于早晨或午后喷药,禁忌晴天中午高温时喷药;2% 新科生物农药 3000 倍液防治叶螨、蚜虫、斑潜蝇、粉虱等害虫;200ppm 农用链霉素防治细菌性病害,每7 天喷一次,连喷 3~4 次;2% 农抗 120 配制成 150 倍液于 4 叶期灌根防治瓜类枯萎病;用 0.1% 芸苔素内酯可湿性粉剂 9000 倍液于苗期和生长中期各喷一次,预防茄果类蔬菜病毒病;保护和繁殖丽蚜小蜂防治白粉虱。

2．黄板诱杀 温室设置黄色粘着纸板或纸条诱杀斑潜蝇、蚜虫和白粉虱。

3.糖醋液诱杀 红糖 100 克、食醋 100 克、水 300 克、加 90％晶体敌白虫 1 克,混合均匀拌入锯末或麸皮,盛入盆内加盖密封,晴天开盖诱杀危害韭菜的葱蝇。

4.高温闷棚 黄瓜霜霉病严重时采用高温闷棚防治,闷棚前灌足水,选择晴天中午密封温室,使温度上升到 43～44℃,保持 2 小时,然后通风,缓慢降温,第一次闷棚后 20 天再高温闷棚一次,彻底杀灭菌源。平时注意温湿度的调控管理,白天温度在 24～28℃,夜间温度在不低于 10℃(黄瓜)和 15℃(番茄)的前提下,尽量加大通风面积和延长通风时间,降低温度,防止叶面结露,可有效抑制黄瓜霜霉病和番茄、黄瓜、茄子灰霉病的发生。

5.种植诱集带 在斑潜蝇、白粉虱病虫非喜食作物田边点种或间套种 1～2 行喜食作物诱集成虫产卵,然后集中防治或处理。

6.调整作物种植结构和时期,控制病虫初期浸染来源斑潜蝇、白粉虱发生较重的温室,尽量避免在秋冬、冬春茬都种果菜类蔬菜。日光温室周围露地种植小麦、大葱等白粉虱及斑潜蝇、叶螨不危害或危害轻的作物,不种易感菜类、茄科、瓜类及玉米等作物,避免秋季向温室传播危害;秋冬茬生产的日光温室扣棚育苗前对温室周围大田发生虫害的作物要用药物彻底防治,减少向日光温室传播危害。日光温室揭棚前作物采收后对害虫作物集中进行防治,彻底消灭残存害虫,防止迁入大田为害。调整播期,避开病虫可能造成危害时期,秋冬茬茄果类蔬菜不要过早播种,露地育苗应放在大田蚜虫高峰期以后进行,减轻病毒传播危害。扣棚后通风口用窗纱隔离,防止斑潜蝇、蚜虫、白粉虱迁入。

7.放蜂传粉 在种植黄瓜、番瓜、番茄的温室里放蜂授粉,逐步减少或停用 2.4 - D、番茄灵等激素防落花落果。

五、化学药剂防治

日光温室化学药剂防治病虫害应坚持的原则是:科学合理用药,适时防治,早期预防为主,保护为主,采用低毒、高效、低残留农药,避免长期使用一种农药,各种药剂交替使用。坚持试验示范,然后推广。

1.黄瓜霜霉病 开花后喷 70％代森锰锌 500 倍液,保护黄瓜免遭病原菌浸染,并兼治黑斑病;发病初期喷72%克露可湿性粉剂800倍液,和72%可抗灵(河北省植保站厂)800倍液,采收前15～20天停止喷药。代森锰锌喷雾必须在下午温度低、湿度小时进行,避免在高温高湿时喷雾,防止药害发生。

2.瓜类白粉病　开花后喷50%硫磺悬浮剂200倍液,7～10天喷一次,发病初期用12.5%乐果利可湿性粉剂2500倍液防治或用25%敌力脱乳油3000倍液喷雾防治。

3.瓜类枯萎病　发病初期用70%甲基托布津800倍液或50%多菌灵可湿性粉剂500倍液灌根。

4.灰霉病　在速克灵使用次数多的温室可在黄瓜、番茄、茄子发病初期用50%农利灵可湿性粉剂1500倍液喷雾,或用25%敌力脱乳油3000倍液喷雾。结合用2.4-D蘸花时加入0.1%的50%农利灵可湿性粉剂不仅有保花保果的效果,而且对灰霉病有良好的预防效果。

5.疫霉病　瓜类、辣椒苗期用70%代森锰锌500倍液灌根,开花期间用500倍液喷雾配合灌根或用4%疫病灵颗粒每穴2克施入根部,有良好的预防作用。

6.早疫病　番茄、茄子等茄果类蔬菜苗期用70%代森锰锌可湿性粉剂400～500倍液喷雾,发病初期用25%敌力脱乳油3000倍液喷雾。

7.茄子黄萎病　苗期用50%多菌灵可湿性粉剂500倍液喷雾,或用50%多菌灵可湿性粉剂500倍液+生化黄腐酸400倍液灌根。

8.病毒病　15公斤水中加入农用链霉素2.5克,医用病毒灵12片,高锰酸钾12克,硫酸锌15克,三十烷醇按1ppm加入,先把前4种药碾碎后用冷水化开,然后再加入三十烷醇,预防控制病毒病兼治细菌性病害。

9.白粉虱　25%扑虱灵乳油1500倍液+2.5%天王星乳油5000倍液混合后喷雾,或用25%灭螨猛乳油1000倍液喷雾。

10.斑潜蝇用48%乐斯本乳油200毫升加水2公斤混匀再与50公斤细绵土混合,充分翻拌均匀后在幼虫化蛹前和成虫羽化初期撒施地表。幼虫防治,可选用1.8%集琦虫螨克乳油2000倍液或2%的阿维虫清 3000 倍液或 40% 绿菜宝 1000 倍液等交替喷雾防治。成虫防治,采用熏蒸或每亩用 80% 敌敌畏乳油 150 毫升拌入 1 公斤锯末土,掺 250 克硝铵拌匀后于过道上每隔 1 间放置一堆点燃熏烟防治。

11. 蚜虫　瓜蚜用 2.5% 天王星乳油 3000 倍液或 2.5% 功夫乳油 4000 倍喷雾。桃蚜、萝卜蚜用 50% 抗蚜威可湿性粉剂 2000 倍液喷雾。

12. 叶螨　15% 扫螨净甩油 2500 倍液喷雾或 25% 灭螨猛可湿性粉剂 1000 倍液喷雾防治。

第十八章　果蔬贮藏保鲜基本技术

目前在国内外广泛应用的贮藏方式可以归纳为两类:一类是低温贮藏,即利用自然低温或人工降温(机械制冷或加冰)的方法,在低温时进行贮藏;另一类是控制气体成分贮藏(简称气调贮藏)。这种贮藏方式多是在低温条件下,调节贮藏场所中的气体成分,使之达到适于果蔬贮藏的气体指标,从而得到更好的贮藏效果。

随着果蔬贮藏技术和一些处理方法的不断改革和创新,除采用以上方式进行贮藏外,目前国内外对辐射处理、电磁场处理以及减压贮藏等方面的研究也较为注意,为果蔬贮藏开避了新的研究途径。

一、简易贮藏保鲜

简易贮藏包括堆藏、沟藏(埋藏)和窖藏三种基本形式,以及由此而衍生的假植贮藏和冻藏。这些都是利用自然低温尽量维持所要求的贮藏温度,结构设备简单,并且都有一定的自发保藏作用。

1. 堆藏

是将果蔬直接堆放在田间和果园地面或空地上的临时性贮藏方法。堆藏还可以作为一种预贮方法。堆藏时,一般将果蔬直接堆放在地面上或浅沟(坑)中,根据气温变化,分次加厚覆盖,以进行遮荫或防寒保温。所用覆盖物多就地取材,常用覆盖材料有苇席、草帘、作物秸秆、土等。由于堆藏是在地面上堆积贮藏,因此果实入贮后受地温影响较小,而受气温影响较大,尤其在贮藏初期,因气温较高,堆温难于下降。因此,堆藏不宜在气温高的地区应用,一般只在秋冬之际用作短期贮藏。贮藏堆的宽度和高度应根据当地气候特点、果蔬种类来决定。

2. 沟藏

是果蔬贮藏方法中较为简便的一种,根菜、板栗、核桃、山楂等一般多用此法保藏;苹果等水果也有采用此法保藏的。沟藏应在地面挖沟或坑,埋藏地点应选择地势高燥,土质较黏重,排水良好,地下水位较低之处。沟的方向在比较寒冷的地区,以南北长为宜;在较为温暖地区,多采用东西长方向,沟的深度一般根据当地冻土层的厚度而定,在冻土层以下贮藏。埋藏的效果除受土温影响外,还与其宽度有关。果蔬在沟内堆放的方法一般有以下几种:一是堆积法,即将果蔬散堆于沟内,再用土(沙)覆盖;二是层积法,即每放一层果蔬,撒一层沙,层积到一定高度后,再用土(沙)覆盖;三是混沙埋藏法,将果蔬与沙混置后,堆放于沟内,再进行覆盖;四是将果蔬装筐后入沟埋藏。

3.窖藏

贮藏窖的种类很多,其中以棚窖最为普遍。此外,在山西、陕西、河南等地还有窑洞、四川南充等地贮藏柑橘采用井窖的形式等。这些窖多是根据当地自然、地理条件的特点建造的。它既能利用稳定的土温,又可以利用简单的通风设备来调节和控制窖内的温度。果蔬可以随时入窖出窖,并能及时检查贮藏情况。

二、通风库贮藏保鲜

通风库是棚窖的发展,其形式和性能与棚窖相似。棚窖是一种临时性的贮藏场所,通风库则是永久性建筑,使用了砖、木、水泥结构,其造价虽比棚窖高,但贮藏量大,可以长期使用。当前果蔬产量逐年大幅度增加,而果蔬的贮藏又不能完全依靠冷藏库。因此,通风贮藏库在相当一段时期内具有较大的实用价值。

通风库也是利用空气对流的原理,引入外界的冷空气而起降温作用。主要是在有良好的隔热保温性能的库房内,设置较完善而灵活的通风系统,利用昼夜温差,通过导气设备,将库外低温空气导入库内,再将库内热空气、乙烯等不良气体通过排气设备排出库外,从而保持果蔬较为适宜的贮藏环境。但是,由于通风库是依靠自然温度冷却贮藏,因此,受气温限制较大,尤其是在贮藏初期和后期,库温较高,难以控制,影响贮藏效果。为了弥补这一不足,可利用电风扇、鼓风机、加冰或机械制冷等方法加速降低库温,以进一步提高贮藏效果,延长贮藏期。

通风贮藏库宜建在地势高燥,通风良好,没有空气污染,交通较为方便的地方。通风库的方向要根据当地最低气温和风向而定。在北方以南北长为宜,这样可以减小冬季寒风的直接袭击面,避免库温过低;在南方则采用东西长,以减少阳光东晒及西晒的照射面,加大迎风面。

通风贮藏库一般有地上式、半地下式、地下式三种类型。地上式通风贮藏库的库身全部建筑在地面以上,因此受气温的影响较大;半地下式通风贮藏库,一部分库身在地面以下,一部分在地面以上,库温既受气温影响,又受土温影响;地下式通风贮藏库的库身全部建筑在地面以下,受地温影响最大,受气温影响最小。至于采用哪一种类型的通风贮藏库,要根据当地气候(主要是气温、地温)、地理等条件来决定。在冬季严寒地区,多采用地下式,有利于防寒保温;在温暖地区,应采用地上式,有利于通风降温;在冬季比较温暖地区,则应采用半地下式;在地下水位较高的低洼地区,要采用地上式。

三、冷库贮藏保鲜

冷库贮藏指机械制冷贮藏。因此,冷库贮藏首先需要具备有很好绝缘隔热设备的永久性建筑库房,以及机械制冷装置。这样的配套设备可以利用机械冷却装置制冷贮藏。根据所贮藏果蔬的种类和品种的不同,进行温度的调节和控制,以达到长期贮藏的目的。机械冷藏可以满足不同果蔬对不同温度的需要,因此,可以全年进行贮藏。

常见的冷藏库按其使用性质可分为三大类:生产性冷库、分配性冷库和零售性冷库。生产性冷库一般建于货源较集中的产区,供产品集中后的冷冻加工和贮藏之用,这种冷库要求具有较大的制冷能力并有一定的周转库容。分配性冷库一般建在大中型城市里或交通枢纽及人口较集中的工矿区,作为市场供应的中转和贮存货品之用。这种冷库也要求有较大的制冷能力,并适于多品种的贮藏,故通常间隔成若干个贮藏室,可维持不同的贮藏温度,库内运输要流畅,吞吐要迅速。零售性冷库一般是供零售部门使用的一种冷库。它的库容量较小,贮存期较短,库温可随需要而改变。目前我国各地的果蔬冷藏库大都属于生产性库或分配性库,并且常常两者兼用。

冷藏库是永久性的建筑,库房的隔热效能极为重要。隔热材料主要有两种类型:一种是加工成板块等固定形状的钢性材料,如软木板、聚苯乙烯泡沫塑料板等。另一种是颗粒松散的散装性材料,如木屑、膨胀珍珠岩、稻壳等。固定形状的材料,能够保持其原来的形状,持久耐用。松散的颗粒状材料适于作填充材料即将其填充于两层砖墙之间。填充时要注意填匀、填实,最好分层设置,以免下沉,否则会造成隔热层的上部空虚,形成漏热渠道。由于热空气通过冷藏库墙体进入库内之前必定与冷空气相遇,热空气中的含水量较冷空气的含水量多,因而热空气被冷却时有冷凝水产生。如果隔热材料吸收了冷凝水,对绝大多数隔热材料来讲,它的绝热效果会明显下降,并且聚积的冷凝水在低温下结冰会给库体结构产生危险。因此,为了防止水蒸汽渗透进入隔热材料中形成冷凝水,必须在热空气渗透流向隔热层的热的一侧,设置隔热层。常用的隔热层材料有沥青、油毡、乳化沥青等。其做法有三油二毡,即三层沥青油刷于两层油毡的内、外侧。在库内外温差较小,库外相对湿度较低的情况下,也可采用一毡二油和铝箔。

冷库的制冷设备包括有压缩机组、冷凝器和蒸发器。制冷压缩机组根据使用的制冷剂不同,可分为氨压缩机组、氟－12压缩机组、氟－22压缩机组。从制冷剂的来源和价格来讲,氨制冷剂来源方便,价格也较便宜,但是氨制冷系统结构较复杂。由于氨的可窒息性、刺激性和遇空气的爆炸性,使用中其安全防范措施要求严格。氟－22制冷剂无毒、无刺激性、易挥发不爆炸,因此使用起来比较安全。冷凝器是用冷却介质与从压缩机中出来的高温高压气态制冷剂进行热交换的装置。通常冷凝器采用水作为交换介质,也有采用空气作为冷却介质的。蒸发器的作用是保证制冷剂在低压低温状态下蒸发,吸收外界空气的热量从而达到给外界制冷。

四、气调库和塑料薄膜小包装气调贮藏保鲜

气调贮藏就是把果蔬放在一个相对密闭的贮藏环境中,同时改变、调节贮藏环境中的氧气、二氧化碳和氮气等气体成分比例,并把它们稳定在一定的浓度范围内的一种方法。气调贮藏是在保持低温的条件下

进行的。因此贮藏场所除有降温设备外,还要有较高的气密性,而且库房应能承受一定的压力。气调贮藏可分为控制气调贮藏和自发气调贮藏。

1. 气调冷藏库

气调冷藏库除了应具备普通冷藏库的特征外,还应具备有较高的气密性能,以维持气调库所需的气体浓度。气调冷藏库在隔热、制冷和维护等方面的结构和设备均与常规冷藏库相同,只是前者要求一定的气密性,并在库内气压变化时库体要能承受一定的压力。为此通常在隔热层内侧再加一个气密层。气密层所用的材料和结构有多种,最早用镀锌铁片或薄钢板焊接密封,后来又用高密度胶合板(即用塑料浸透过的胶合板)和铝箔夹心板(在铝箔两侧贴防潮纸或聚合薄膜)等。这些材料均能达到较好的气密性,还可比较方便地把普通冷库改建成为气调库。随着塑料工业的发展,气调库的气密结构有了新的突破:一是采用预制夹心板(一般用 10cm 厚的聚苯乙烯泡沫塑料),二是采用聚氨酯泡沫塑料。用聚苯乙烯泡沫塑料作夹心板,足以抵御 40℃温差而起较好的隔热作用,外侧金属板兼有良好的隔气和气密性。采用聚氨酯泡沫塑料,不仅有极好的隔热性能,而且泡沫内的细气泡各自独立互不沟通,即材料的闭孔率极高,因此,具有很好的隔气和气密性能。所以一层聚氨酯泡沫塑料结构,可同时起到气密、隔气、隔热等三方面作用。这种材料还可预制成板材在现场铺设,也可直接在现场喷涂,并可加入适量的石棉、氧化硅、玻璃纤维和膨胀珍珠岩等作填充料。气调库应具有一定的气密性,但是并非要求绝对密封,这在实际生产中也是难以实现的。从技术上来说,库内贮藏物体消耗的氧气多于漏入的氧气,就可认为气密性良好。一般的经验标准是,向库房充气或抽气而造成10 毫米水柱的正压或负压,30 分钟内不恢复到零即为合乎要求。

气调库的气调设备主要有能降氧的氮气发生器、二氧化碳脱除器。目前使用的氮气发生器有 4 种类型:燃烧式制氮机、碳分子筛制氮机、空心纤维膜制氮机和裂解氨制氮机。二氧化碳的脱除过去常用消石灰吸收,对小量贮藏产品可以使用,而大型的气调库中就不能使用。活性炭吸附脱除二氧化碳是目前国内外较常用的方法。此外可用水和氢氧化钠溶液脱除二氧化碳。脱除乙烯气体也是非常重要的,通常使用活性炭、高猛酸钾溶液或高锰酸钾制成的黏土颗粒和高温催化方式脱除乙烯。

2. 塑料薄膜小包装气调

将塑料薄膜压制成袋,将果实装入袋内,扎紧袋口,即成为一个密闭的贮藏场所。塑料袋可以直接堆放在冷藏库或通风贮藏库内架上,也可以将袋放入筐(箱)内,再将果筐(箱)堆码成垛进行贮藏。还有的将果筐装入塑料袋内,再扎紧袋口,然后放在库内贮藏。按其管理方法不同,可分为下列三种:

(1)定期调节或放风:密封袋多用 0.05～0.07 毫米厚的聚乙烯塑料薄膜袋制成,袋长 100 厘米,宽 80 厘米。每袋装果蔬 15～20 公斤。由于靠袋内果蔬的呼吸作用,将袋内的氧气降低,二氧化碳逐渐增加。当气体成分超过要求指标时,将袋口打开放风,更换新鲜空气,再扎口封闭。

(2)不进行调气:塑料薄膜袋厚度 0.025～0.03 毫米。这种薄膜很薄,有透气性,在不太长的时间内,可以维持适当的低氧和较高的二氧化碳而不致达到有害的程度,因此,不必进行调气或放风。这种方法适用于短期贮藏、长途运输或零售。

(3)硅窗袋贮藏法:将硅橡胶薄膜镶嵌在塑料薄膜袋上,利用硅橡胶具有的特殊透气性能,使袋内的二氧化碳通过硅橡胶窗向外渗透,外部的氧向内渗透。其渗透比为 6:1,从而起到自动调节的作用。

五、其他方法贮藏保鲜

1. 电磁处理

(1)高频磁场处理:产品放在或通过电磁线圈的磁场中,直接受到磁力线的影响。

(2)高压电场处理:产品放在或通过金属极板组成的高压电场中。可能有这样一些作用:①电场的直接作用;②高压放电形成离子空气作用;③放电形成臭气的作用,等等。

(3)离子空气和臭氧处理:产品不直接处在电场中,而是使高压放电形成的离子空气和臭氧处理产品。据报道,负离子空气对一些果蔬有抑制生理活性的效应。正离子空气则常起促进作用。臭氧是强氧化剂,除消毒防腐作用之外还有其他生理效应。

电磁处理用于果蔬贮藏,目前尚在试验阶段,一些装置还不定型,作用机理更有待进一步探讨。

2. 减压贮藏

果蔬的减压贮藏是现代的贮藏方法之一。减压贮藏的技术要点是,产品置于密闭室内,从密闭室抽出部分空气,使内部气压降到一定程度,并在贮藏期间保持恒定的低压。减压贮藏也可以说是一种特殊的气调贮藏方法。在减压贮藏中,对氧气量和相对湿度的控制比普通的气调贮藏更为精确。

3. 辐射处理

辐射贮藏技术,主要是利用60钴(60Co)或137铯(137CS)发生的伽玛(γ)射线,或由能量在10MeV(百万电子伏)以下的电子加速器产生的电子流。γ射线是穿透力很强的一种射线,当它穿过生物有机体时,会使其中的水和其它物质电离,生成游离基或离子,从而影响到机体的新陈代谢,严重时则杀死细胞。电子流穿透力较弱,但也能起电离作用,从食品保藏角度来讲,辐射处理就是利用电离辐射引起的杀虫、杀菌、防霉、调节生理生化等效应。